震撼物理学史的十天

物理学家如何改变日常生活

TEN DAYS IN PHYSICS THAT SHOOK THE WORLD

[英]布莱恩·克莱格
Brian Clegg
著

徐彬 宋爽 译

中国科学技术出版社

·北 京·

TEN DAYS IN PHYSICS THAT SHOOK THE WORLD: HOW PHYSICISTS
TRANSFORMED EVERYDAY LIFE by BRIAN CLEGG,ISBN: 978-178578-747-8
Copyright ©2021 By BRIAN CLEGG
This edition arranged with Icon Books Ltd., UK & The Marsh Agency Ltd.
through BIG APPLE AGENCY,INC., LABUAN, MALAYSIA.
Simplified Chinese translation copyright © 2024 by China Science and Technology Press Co., Ltd.
All rights reserved.
北京市版权局著作权合同登记 图字：01-2024-2111。

图书在版编目（CIP）数据

震撼物理学史的十天：物理学家如何改变日常生活 /
（英）布莱恩·克莱格（Brian Clegg）著；徐彬，宋爽
译 . — 北京：中国科学技术出版社，2024.8
   书名原文：TEN DAYS IN PHYSICS THAT SHOOK THE
WORLD：How Physicists Transformed Everyday Life
   ISBN 978-7-5236-0576-9

Ⅰ . ①震… Ⅱ . ①布… ②徐… ③宋… Ⅲ . ①物理学
Ⅳ . ① O4

中国国家版本馆 CIP 数据核字（2024）第 057666 号

策划编辑	杜凡如　王秀艳	版式设计	蚂蚁设计
责任编辑	聂伟伟	责任校对	吕传新
封面设计	东合社	责任印制	李晓霖

出　　版	中国科学技术出版社
发　　行	中国科学技术出版社有限公司
地　　址	北京市海淀区中关村南大街 16 号
邮　　编	100081
发行电话	010-62173865
传　　真	010-62173081
网　　址	http://www.cspbooks.com.cn

开　　本	880mm×1230mm　1/32
字　　数	143 千字
印　　张	7.5
版　　次	2024 年 8 月第 1 版
印　　次	2024 年 8 月第 1 次印刷
印　　刷	大厂回族自治县彩虹印刷有限公司
书　　号	ISBN 978-7-5236-0576-9 / O·221
定　　价	59.00 元

（凡购买本社图书，如有缺页、倒页、脱页者，本社销售中心负责调换）

目 录

CONTENTS

引　言

　　物理学是我们了解世界如何运转的核心。不仅如此，物理学以及基于物理学的工程学的一系列关键突破改变了我们的世界。在本书中，我们将回顾历史上的十个重要日子，了解某个物理学上的关键突破是如何实现的，认识一下与之相关的物理学家，并了解这些突破是如何改变我们的日常生活的。

　　科学史学者对将某个个体视为做出独特贡献的天才的观点常持批评态度。我在本书中也会明确指出，这十天中的人物主角，都是在他人研究的基础上才做出自己的贡献的，这一点当然是事实。但毫无疑问的是，除了最近这三日的重大突破，对于其他的突破，引起变革的都是个人，而这些变革促成了现代世界的形成。

　　在 21 世纪的物理学中，重大突破往往是大团队的杰作。欧洲核子研究中心（CERN）粒子物理学实验室或美国激光干涉引力波天文台（LIGO）所进行的研究，可能需要数百甚至数千名研究人员参与其中。然而，从历史的角度看，有些人的贡献并不只是齿轮上的一个普通轮齿。他们的研究，无论在多大程度上依赖当时更广泛的思想家的成果，他们都应被视作超越同侪的佼佼者。即使是现在，尽管许多科学家可能都在研究某个特定的理论，或在进行某个实验，但是往往仍是只有少数几个人在某个关键时刻促成某个发现或发明。

在物理学的历史之旅中，早期的研究主要是对基础科学的基本理解，而后期的研究则突出以物理学为基础的工程学，主要是与运用物理学知识发明新的方法相关。自 20 世纪 50 年代以来，我们也能偶尔看到纯物理学的新发展，这些发展改变了我们对宇宙的理解，但对我们生活的直接影响较小。例如，找到黑洞或希格斯玻色子虽然是了不起的成就，却缺乏实际应用。在本书中，我们探讨的主题就是物理学及造就了现代世界的物理学的应用。

我们将从 1687 年艾萨克·牛顿（Isaac Newton）的杰出著作《自然哲学的数学原理》[*Philosophiae Naturalis Principia Mathematica*，一般简称为《原理》（*Principia*）] 的出版开始。如果缺乏专业人士的指导，大家会感到这本书几乎难以卒读，因为它文风晦涩，而且还是用拉丁文写的。但《原理》的出版代表了自然科学的一大进步。在牛顿的时代，大学的课程设置跟现在的有很大不同，他的研究被视为数学而非物理学成果。即便如此，《原理》出版的这一天绝对是科学史上的关键时刻。

第二日是在 1831 年，迈克尔·法拉第（Michael Faraday）发表了关于电磁感应的论文。现在，一些人在试图夸大人工智能的重要性时，会说人工智能"比电还重要"。没有电，就不可能有人工智能——从这一点就能看出这一说法是何等的荒谬。抛开这一点不谈，我们也会发现，这种说法忽略了一个事实，那就是电绝对是现代生活的核心——随着我们使用的能源逐渐从化石燃料转向电力（例如汽车、供暖和工业能源等都在进行这一转变），电变得更加重要了。法拉第的研究开启了电的实际应用，而在此之前，电只是一种富有娱乐性的新奇事物，并没有什么实用价值。

第三日是在 1850 年，此时英国正处于维多利亚时代。在法拉第发现电磁感应规律后，又过了几十年，我们要见识一下不太为人熟知的鲁道夫·克劳修斯（Rudolf Clausius），并了解一下他对热力学的贡献。热力学使人们对蒸汽机有了更深入的了解，正是这一点将工业革命推向了一个全新的高度。同时，热力学也使制造其他类型的热机成为可能，从内燃机到发电站中使用的涡轮机，再到现代供暖、冰箱和空调系统等。未来，我们可能不再依赖内燃机，但其他热机依然重要，而热力学最基本的意义就是，它是热机背后的驱动力。

再往后，仅 11 年后的 1861 年，第四日要留给英国物理学家詹姆斯·克拉克·麦克斯韦（James Clerk Maxwell）。法拉第为我们提供了利用电的方法，而麦克斯韦的研究则开启了我们对电磁波谱的理解，其中包括可见光。他的理论为我们提供的远不止这些。麦克斯韦的发现，促使了收音机、微波炉、电视机的发明以及 X 射线的发现。如今，最能体现他的研究意义的，就是手机这一取得巨大成功的技术发明，据统计，目前全球有 30 多亿人在使用手机。

第五日将我们带入 19 世纪的最后几年和玛丽·居里（Marie Curie）的研究中。居里夫人是一位在男人居主导地位的科学世界里成就卓著的女性，她在放射性研究和 X 射线的应用方面的研究取得了非凡的成就，这为医学界带来了巨大的进步。在这个关键的日子里，居里夫人展示了她在放射性物质镭的科学研究中最重要的发现，并为研究似乎能够凭空产生能量的放射性物质指明了方向。

第六日是在 1905 年，在这一天，阿尔伯特·爱因斯坦（Albert Einstein）发表了该年度一系列论文中的最后一篇，对放射性能量的来源做出了解释。在短短的三页纸的论文中，爱因斯坦展示了狭义相对论（该论文在几个月前刚刚发表）如何在质量和能量之间建立了牢不可破的联系，并由此产生了有史以来最著名的质能方程 $E=mc^2$。

在第七日，我们会碰到一个许多人都不熟悉的名字——荷兰物理学家海克·卡末林·昂内斯（Heike Kamerlingh Onnes）。20 世纪初，卡末林·昂内斯是超低温领域的大师，他发现了电阻消失的超导现象，为制造出悬浮列车、核磁共振扫描仪和粒子加速器等专业应用所需的超强磁铁提供了可能性。

超导是一种量子效应。谈及量子，我们就来到了第八日，这是在 1947 年，我们的视角要从基础物理学转向量子理论的应用，特别是当时迅速发展的电子学领域。正是在这一天，贝尔实验室的约翰·巴丁（John Bardeen）和沃尔特·布拉顿（Walter Brattain）制造出了最早的晶体管，这种设备改变了我们每个人的生活。

量子效应也是第九日（1962 年）发明发光二极管（LED）的幕后推手。在科学史上，这个事件发生的具体日期很难确定，因为 LED 技术的发展经历了许多阶段。也正因如此，直到 21 世纪，即第九日之后约 50 年，LED 才成为家庭、道路和工作场所的主要照明方式。早期发明 LED 的尝试中有许多差别细微的方案。詹姆斯·R. 比亚德（James R.Biard）和加里·皮特曼（Gary Pittman）两人的突破，是几个关键突破之一。然而，基于他们俩的发明生产出了第一个商业上可行的 LED，因此应该将他们视作最佳候选人。

物理学上重大历史日期的最后一个，即第十日，是 1969 年在计算机网络中建立第一个链接的日子，这个网络就是后来的互联网。与发光二极管一样，并非只有史蒂夫·克罗克（Steve Crocker）和温顿·瑟夫（Vint Cerf）参与了这个项目，但他们发挥了至关重要的作用，是互联网诞生时最知名的人物。这一突破与人类首次登月发生在同一年。登上月球的宇航员尼尔·阿姆斯特朗（Neil Armstrong）发出了著名的感叹："这是个人的一小步，却是人类的一大步。"这句感叹用来形容互联网的发明简直再恰当不过了。将两台大型计算机连接起来以实现远程访问，这的确是向前迈出的一小步，但它却成为现代决定性技术的一大飞跃。

在这之后，我们将何去何从？最后一章，我们将探讨未来第十一日的几种可能性。不管我们是否猜中，我们都可以肯定地说，物理学和基于物理学的技术仍有很多机会再次实现改变世界的创新突破。不过现在，让我们回到那个节奏缓慢的时代，回到 1687 年 7 月 5 日。

第一日

DAY 1

1687年7月5日，
艾萨克·牛顿——出版《自然哲学的
数学原理》

当牛顿的至高荣耀——《原理》——出版时，利用数学作为研究工具的现代意义上的物理学诞生了。《原理》主要阐述了牛顿三大运动定律和万有引力定律，而这些理论都使用了他发明的重要数学工具——微积分。《原理》确立了将力与运动联系起来的机械原理，使工业革命得以蓬勃发展。此外，《原理》确定了支撑喷气发动机和飞机机翼工作的定律，并为发明卫星提供了所需的引力计算方法，使之能为我们提供从天气预报到全球定位系统等各种服务。

一本书的出版如何能改变整个世界？这本书可能是世界宗教或政治运动的核心文本；这本书可能被数百万人阅读并改变了他们的生活；这本书可能倡导了社会的根本性变革。无论从哪一方面看，牛顿的杰作都不符合上述的标准。相反，它只是改变了一小部分人对宇宙及其运行方式的认识，而这些人又将这种认识的作用传播给了其他人。

有趣的是，《原理》与那些经常入选"史上最伟大著作"榜单的小说——如马塞尔·普鲁斯特（Marcel Proust）的《追忆似水年华》（*À la recherche du temps perdu*）和詹姆斯·乔伊斯（James Joyce）的《尤利西斯》（*Ulysses*）——有一些共同之处。和这些书一样，《原理》也被公认为是一部杰出的作品，但近些年来，却极少有人能读懂它（甚至包括我和我的同行等曾经尝试过读懂它的人）。然而，毫无疑问，这本字里行间充满了晦涩几何知识的拉丁文巨著的影响力远远超过任何其它文学巨著。

1687 年

这是平淡无奇的一年。除了在那个时代司空见惯的少数欧洲局部战争，1687 年之所以不同寻常，是因为在这一年发生了一个科学事件：牛顿的《原理》出版了。

牛顿简介

艾萨克·牛顿

- 物理学家、数学家、炼金术士、异端宗教学者、议会议员、政府官员

- 科学遗产：牛顿反射式望远镜、光的色散原理、牛顿运动定律、万有引力定律、微积分（与莱布尼茨共同

发明）

1642 年 12 月 25 日 生 于 英 格 兰 林 肯 郡 伍 尔 索 普
（Woolsthorpe）庄园

教育经历：剑桥大学三一学院

1667—1696 年，任剑桥大学三一学院研究员

1672 年当选英国皇家学会院士

1689—1690 年和 1701—1702 年，任剑桥选区议员

1696—1699 年，任英国皇家造币厂督办

1699—1725 年，任英国皇家造币厂厂长

1703—1727 年，任英国皇家学会会长

1705 年，被安妮女王封为爵士

1727 年 3 月 20 日逝世于英国伦敦肯辛顿家中，享年 84 岁

全新的宇宙观

这个故事讲的是一本历时三年完成的书。然而，使这本书
得以完成的各个组成部分的历史却可以追溯到 2000 年前。《原
理》能够问世的第一个关键因素是人们对运动物体和引力性质
的认识不断加深。第二个关键因素是一位杰出人士的参与。

从上古时期一直到 17 世纪，关于运动和引力的物理学大多建立在两个看似合乎逻辑却又不正确的信念之上。物体要运动就必须受到推力作用。观察大多数物体的情况，我们会对这一点深信不疑。只要你停止推车，它就会开始减速，然后停下来。一支箭射出百十米后再射中目标，与刚射出的箭相比，所产生的冲击力要小得多。当然，有一种运动似乎可以无限期地进行下去，那就是行星和恒星在天空中的运动。但人们认为即使是这样的运动也需要推动力，这种推力通常是来自神的干预。

至于引力，公认的理论是与一幅令人印象深刻的宇宙整体图景联系在一起的，这幅图景考虑到了物理元素的本质。人们认为有四种元素构成了地球上的一切：土、水、空气和火。其中两种元素（土和水）有一种会向宇宙中心移动的自然倾向，另外两种元素则倾向于远离宇宙中心。这并不是说它们受到了某种力的影响——自然趋势，这种更像是狗不喜欢猫的自然趋势，是其本性的一部分。

土和水朝向宇宙中心的趋势被描述为重力（即引力），而空气和火远离中心的趋势则被称为浮力。顺便提一下，这也是以地球为中心的宇宙观的重要基础。人们通常以为，历史上一些人之所以抵制"日心说"，仅是出于固执的宗教信仰。但事实上，地球是万物的中心这一信念，是当时物理学的基础。这一信念早于基督教和伊斯兰教中的"地心说"教条。天体的运动，其实是因为地球自转，这一点并不明显——从事后诸葛亮的角度看，批评古人很容易，但是不要忘了，即使在现在，我们仍然张口闭口在说"日出""日落"，好像地球是固定不动似的。

"地心说"思想的背后，是古希腊的物理学。从中世纪开始，这种观点受到了部分阿拉伯学者以及欧洲大学里的学者的质疑，但其他学者仍然坚定地支持他们熟悉的旧模型。直到16世纪中叶，哥白尼给出了难以辩驳的证据，主张"日心说"宇宙模型。"日心说"把宇宙模型大大简化了，因为旧模型需要用到烦琐的"球中之球"（本轮）的概念来解释行星在天空中为何有那么奇特的运动轨迹。归根结底，这是因为有些行星沿轨道运行的时候，会与轨道上的地球出现"你追我赶"的现象，映射到夜空的天幕上，就会使这些行星有时呈现反向运动的现象。

伽利略曾明确支持这一模型。在一本书中，他阐述了哥白尼的观点，似乎是在直接嘲弄教皇，这让他遭到了宗教裁判所的审判。然而，需要强调的是，哥白尼模型并不是当时唯一可选择的模型。采用这一体系意味着需要重写整个物理学。但在16世纪末，伟大的丹麦天文学家第谷·布拉赫（Tycho Brahe）提出了一个新的系统，该系统去掉了所有的本轮，但仍能将地球置于万物的中心。

在第谷模型中，太阳、月亮和所有恒星围绕地球旋转，而其他行星则以太阳为中心旋转。从我们在地球表面的视角来看，这个模型实际上很准确，反映了我们所看到的真实情况。归根结底，这是一个我们从哪里看（物理学家称为参照系）的问题，而当时，我们唯一的视角就是地球表面。如果从这个视角来看，第谷是对的。他的整个系统都没问题，而且不需要更改物理学的基础。

然而，伽利略所做的不仅是论证宇宙是以太阳为中心的。从某种程度上说，我们因为这件事以及因为他发明了望远镜而记住他，这多少有些奇怪。事实上，发明望远镜的不是他，在此之前欧洲已经有了几家望远镜制造商。伽利略最伟大的贡献是他在受到宗教裁判所的审判之后，被软禁期间写的一本书，这本书名为《关于两门新科学的谈话和数学证明》(*Discorsi e Dimostrazioni Matematiche Intorno a Due Nuove Scienze*)。在这本书中，伽利略开始探索以摆动和球滚下斜坡为形式的运动，他所做的实验推翻了经典物理学的观点。

伽利略发现，把球滚下斜坡时，球会加速；把球滚上斜坡，球会减速。据此，他做出了合理的假设，在没有其他因素（如摩擦力和空气阻力）减慢速度的情况下，在平地上滚动的球会以相同的速度持续前进。正如哥白尼模型需要摒弃旧有的基于元素自然属性的重力和浮力的观点一样，这种对运动物理学的探索也推翻了需要推动力才能保持物体运动的经典观点。

林肯郡的奇迹

1642 年 12 月 25 日，牛顿出生在英格兰林肯郡伍尔索普庄园的一个农舍里。他的家庭并不圆满，而在他所处的时代，科学上自古以来的一些确定性正越来越受到质疑。

牛顿令人困惑的出生日期

1642 年 12 月 25 日—1727 年 3 月 20 日，儒略历 [1]

1643 年 1 月 4 日—1727 年 3 月 31 日，格里历 [2]

在科学史上，搞清楚牛顿的生卒日期是最令人头疼的事情之一，即使是著名的传记词典也会把这两个日子搞错。他的出生年份、逝世年份、众所周知的在圣诞节出生这一事实，以

---

① 儒略历：公历的前身，是由罗马共和国儒略·恺撒采纳数学兼天文学家索西琴尼的计算后，于公元前 45 年 1 月 1 日起执行的取代罗马历法的一种历法。——编者注

② 格里历：是现在全球通用的公历，是在 1582 年由教皇格雷果里十三世颁布的，基于儒略历进行改革而成。——编者注

及在伽利略去世的同一年出生这一说法，都存在争议。具体是什么日期，取决于使用何种历法。

原因是英国采用格里历的时间较晚，直到 18 世纪 50 年代才开始采用。这意味着牛顿出生时，英国的日期比现代历法晚 10 天，而到牛顿去世时，英国的日期比现代历法晚了 11 天。更令人困惑的是，在英国采用的旧历中，3 月 25 日是新年的开始，这就搞乱了牛顿的逝世日期。这个奇怪的日期是根据宗教节日"圣母领报节"确定的，也正因如此，英国的纳税年度仍然是从一年的 4 月 6 日到下一年的 4 月 5 日（考虑到日历变化的因素，这两个日期曾是历史上的新年日期）。

由于历法混乱，在将根据某个历法记录的事件与根据另一个历法记录的事件联系起来时，会出现彻头彻尾的错误，比如媒体倾向于将牛顿的生日推定在现代的圣诞节……但却没有注意到 17 世纪时，英国的 12 月 25 日与现代历法中的圣诞节完全不在同一天。

牛顿的成长经历十分坎坷。他是个遗腹子，而他的母亲汉娜在牛顿三岁时改嫁了当地的一位牧师，为了能和新丈夫一家生活在一起，她把牛顿留在了外祖母家。牛顿受尽了苦难：在他的一本笔记中，他所列举的"过失"包括"威胁父亲史密斯和母亲，要烧死他们并烧毁他们住的房子"以及

"许愿有人死掉"。

尽管汉娜在第二任丈夫去世后回到了伍尔索普，但牛顿很快就被送到格兰瑟姆上学，寄宿在镇上的药剂师克拉克（Clark）先生家里。牛顿最初在学校并不为人所喜，但他制作机械模型的实用技能给他带来了一定程度的认可。尽管如此，他仍然一直不受小伙伴喜欢。

牛顿与母亲之间的龃龉没完没了，上学后不久，母亲就让他辍学去农场干活。牛顿经常寻找机会逃避农活，躲到一边去读书。最终，其他家人说服了他的母亲让他重返学校，因为校长免除了牛顿的学费——通常，学校要向来自镇外的男孩收取 40 先令①的学费。后来，当牛顿升入剑桥大学时，母亲也不愿意给他付学费，要求他去当个仆人，通过给其他学生服务来维持生活。

剑桥大学和皇家学会

在这一时期，在剑桥大学读书的学生必须信奉英国圣公会（即英国国教）。在现代，许多科学家是无神论者，我们会想当然地认为这再自然不过了。但在牛顿的时代，基督教

---

① 先令是英国的旧辅币单位，1 英镑 =20 先令，1 先令 =12 便士，在 1971 年英国货币改革时被废除。——编者注

是英国人生活中的一部分，而且完全融入了欧洲科学家的思想之中。牛顿是个虔诚的基督徒，但他的信仰带有基督教的清教色彩，这在英国教会中并不常见。而且，随着年龄增长，他的异端思想越来越明显。按照当时的标准，大学研究员必须是单身（对牛顿来说，这一点不是问题），而且必须在教会中被按立（授教职礼）——牛顿获得了国王的特别许可，免除了后一项要求。

牛顿对宗教的不妥协态度与他对科学的态度是高度一致的。当时，剑桥大学的课程主要以古典文献为基础，不鼓励学生质疑权威。牛顿的想法与皇家学会的座右铭——*Nullius in verba*（不轻信任何人之言）不谋而合，而皇家学会后来成为牛顿生命的重要组成部分。自亚里士多德时代以来，物理学观点的变化相对较小，这就很值得怀疑。牛顿并不是第一个挑战科学权威的人——如我们所提到的，伽利略等人也曾这样做过——但他将质疑提升到了一个新的高度。牛顿从不随波逐流，人云亦云。无论是在他的实验中，还是在他越来越多地运用数学的过程中，他都走得更远，最终从人群中脱颖而出。

牛顿早期的科学研究主要是围绕光展开。因为发明并制造了反射式望远镜，他被选为皇家学会的研究员，但很快，他就与学会的实验室主任罗伯特·胡克（Robert Hooke）产生了矛盾，后者批评了牛顿的色散原理。胡克的负面评论（大多是错误的）迫使牛顿以辞职相威胁。

有关牛顿的传说与他的个性

与胡克的争斗成为牛顿一生的宿怨。毫无疑问，这些争斗是真实发生过的。例如，牛顿很有可能对胡克肖像的毁坏负有责任，使我们失去了一位伟大科学家当年的画像，再也无法知道他的样貌。牛顿与他人之间的关系往往充满荆棘，而考虑到当时的关注点，很多事情又让我们不能确定。

除了他的母亲，唯一与他有明显关系的女性是凯瑟琳·斯托尔（Catherine Storer），她是格兰瑟姆的一位药剂师的继女。牛顿死后，她声称牛顿曾考虑过娶她。此外跟他算有点血缘关系的凯瑟琳·巴顿（Catherine Barton）也和他有联系，她在牛顿生命的最后阶段担任他的管家。相比之下，牛顿与约翰·威金斯（John Wickins）的关系却非常密切，他俩在一起住了二十多年。

牛顿还与非常年轻的瑞士数学家尼古拉·法蒂奥·丢勒（Nicolas Fatio de Duillier）建立过比较亲密的关系。在长达五年多的时间里，两人经常通信，牛顿还会给这位年轻人送礼物。但两人的交往在1693年牛顿去伦敦拜访法蒂奥之后也就戛然而止了——这可能是因为牛顿觉得法蒂奥对他们共同的炼金术热情过于张扬了，这很有可能也是导致牛顿精神濒临崩溃的原因之一。在接下来的几个月里，牛顿写信给他的一些熟人，并告知他不想再与他们有任何瓜葛。不过他似乎很快就恢复了，但很明显，终其一生，他都经常处于压力之下。

在现代人看来，牛顿对炼金术的痴迷也可能意味着他的性格有问题。牛顿真的痴迷炼金术，大多数人认为他的一生都致力于物理学，但实际上炼金术占据了他大部分时间。他研究炼金术时所使用的材料，如汞，可能是导致他精神崩溃的原因之一。虽然研究炼金术在某些方面被认为是非法的，但它与当时的科学思想并不相悖，而且与牛顿个人的思想非常吻合——他的思想明显是科学思想和宗教思想的跨界融合。

最后一个关于他最著名的故事的主角：那颗苹果。尽管现在有一些人持相反的说法，但这个故事并不完全是生造的神话（如果是说有颗苹果砸在了他头上，那么这个故事一定是编造的）。苹果故事的来源是牛顿本人，并由与他同时代的威廉·斯图克利（William Stukeley）引用。在他的著作《艾萨克·牛顿爵士生平回忆录》（*Memoirs of Sir Isaac Newton's Life*）中，斯图克利描述了 1726 年他前往牛顿位于肯辛顿奥博尔大楼的住所拜访的情景。斯图克利在回忆录中说，他和牛顿两人晚饭后在公园散步，牛顿称他最早开始思考万有引力是"由一个苹果的掉落引起的"。

有人认为，牛顿在八十多岁的时候才说出这番话，是试图建立自己的神话，事实上，牛顿对这些事件并没有什么记忆——至少，关于苹果掉落的事件并没有更早的记录。然而，这是一个完全合理的推测。否认这个故事，与其说是出于对真相的真正关注，倒不如说是为了对偶像崇拜推波助澜。不过，可以肯定的是，牛顿从未有过强烈的发表成果的冲动，他常常隐匿多年而不愿公开自己的成果。至少对于《原理》的部分内容是这样。

不愿出版：1687 年的一天

人们经常说，牛顿是在 1665 年伦敦大瘟疫爆发后，从剑桥大学被遣散回家，在不到两年的时间里，毕其功于一役地建立了微积分和万有引力理论。这么表述有些言过其实了。他发表力学和万有引力方面的研究成果的进展相当缓慢。当《原理》最终出版时，这部著作汇集了他 20 多年来的研究成果。牛顿将前期的成果呈递给英国皇家学会，但在受到胡克的批评后，牛顿拒绝再提交有关光学理论的更进一步的研究细节。从 17 世纪 70 年代一直到 1704 年他的著作《光学》（*Opticks*）出版之前，他都没有再向学会提交文稿。塑造牛顿性格的各种因素，似乎使他倾向于保密。他一方面想被人认识到，一些想法是他第一个提出的，但另一方面，他总是想方设法推迟出版自己的作品。

牛顿的《原理》能够出版，天文学家埃德蒙·哈雷（Edmund Halley）功不可没。1684 年的一天，哈雷、胡克和多才多艺的圣保罗大教堂建筑设计师克里斯托弗·雷恩（Christopher Wren）在伦敦的一家咖啡馆里聊天，谈起了行星的运动，胡克声称他已经证明，维持行星在其轨道上运行的力，与行星和太阳之间距离的平方成反比关系。雷恩显然怀疑胡克有吹嘘之嫌，再加上他那时已经收入不菲，就跟胡克开了个赏格，说如果胡克能在两个月内作出证明，就给胡克一笔钱。但胡克最终没能拿出证明，而一直惦记这件事的哈雷自行前往剑桥大学与牛顿讨论此事。

没想到，牛顿听后马上说他已经进行了相应的计算，证明这种力会产生椭圆形的行星轨道，但是他一时找不到自己把演算草稿放在哪儿了。三个月后，他给哈雷寄去了一份九页的手稿来继续讨论这个问题，而这个研究直接触发了《原理》的写作。到 1687 年 7 月该书出版时，已经扩充成了三卷本的巨著。第一卷《论物体的运动》（*De Motu Corporum*）介绍了质量等基本概念，给出了牛顿的三大运动定律，并通过计算证明了行星椭圆轨迹的平方反比定律。

第二卷可以说是最不重要的一卷，名为《论物体的运动·第二卷》(*De Motu Corporum Liber Secundus*)——其标题命名之简洁省事儿，可与爱拍电影续集的好莱坞媲美。该卷增加了空气等阻力介质方面的内容，牛顿对钟摆、波和旋涡等进行了思考。第三卷题为《论宇宙的系统》(*De Mundi Systemate*)，以牛顿的引力定律为核心，描述了一种"万有"的力，它既是那颗著名的苹果落地的原因，也是月球围绕地球、行星围绕太阳运行的原因。

与他后来用英文撰写的著作《光学》不同，《原理》是用拉丁文撰写的（如图 1.1 所示）。在欧洲的大学诞生之初，拉

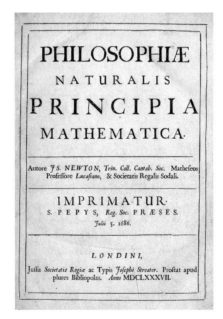

图 1.1 《原理》的封面页

丁语是欧洲学术界的标准语言，这使得欧洲各地的学者能够自由往来，分享思想。几个世纪以来，学术书籍一直以拉丁文撰写并出版。统一使用拉丁文这种做法，确实让欧洲各国的读者都有可能阅读学术著作，但同时也把大多数仅粗通文字的人拒之门外。而对于这一点，许多自然哲学家持积极鼓励的态度，对此做出辩解的时候，他们喜欢引用一句俗语"驴子吃草就心满意足了，为什么还要给它们吃生菜呢？"在某些领域，有些人就是故意不想让普通人了解那些高深莫测的事物。

这种态度在牛顿的时代正在发生改变。例如，伽利略在撰写自己的主要著作时，用的是意大利语而不是拉丁语。这与当时各国纷纷用本国的语言出版《圣经》（Bible）的内在逻辑不谋而合。16 世纪和 17 世纪基督教会宗教改革的重大举措之一，就是将礼拜和《圣经》从使用拉丁文这种大众无法阅读和听懂的方式，转变为使用各国的语言。然而，直到去世前不久，牛顿一直拒绝人们出版英文版的《原理》。

坚持全书使用拉丁文写作是牛顿刻意而为之的。牛顿最初的设想，是前两卷用拉丁文写作，完全用数学来解释力和运动，第二卷涉及行星的运动。这之后，他计划用英文出版第三卷，这一卷是面向更普通的读者，以便让更多的人了解他的著作。但他又故意让第三卷不那么平易近人——只有掌握了前两卷原理的人才能读懂第三卷。牛顿在第三卷的开头就承认了这一点，因此我们知道情况确实如此。他说，部分原因是"那些没有充分掌握这里所阐述的原理的人，肯定不会感悟到结论的力量，也不会放下他们多年来已经习以为常的先入之见"。

第三卷，曾面临过完全佚失的危险。1686年，牛顿的老对手胡克听说了牛顿在皇家学会上宣读该书的摘要，他声色俱厉地抱怨牛顿没有把发现万有引力的相应荣誉给他，他认为自己在万有引力方面所提出的观点对最终提出这一理论有所贡献。牛顿在写给哈雷的信中说，他打算删掉第三卷，因为"哲学是个无礼的女人，一个人即使是去打官司，也好过和她扯上关系"。哈雷安抚牛顿，最终使这套书于1687年4月完成。在这之前，牛顿已经通读了所有三部手稿，并删除了他之前提到的几乎所有关于胡克的内容。

按计划，英国皇家学会要支付《原理》的出版费用。但是在这之前，该学会将其预算浪费在了弗朗西斯·威卢比（Francis Willughby）的一本题为《论鱼的历史》（*De Historia Piscium*）的出版上。这本书的价值堪忧，出版后无人问津。但是如此一来，《原理》手稿完成后就面临缺乏经费而无法付梓的危险。最终，哈雷主动承担了第一版四五百册的印刷费用，该书才得以顺利出版。有人认为哈雷很可能从这次商业冒险中获得了一点利润。他还为《英国皇家学会哲学论文集》（*Philosophical Transactions of the Royal Society*）写了一篇充满溢美之词的书评，甚至还为该书写了一首献给牛顿的开篇颂歌，其中包括下面这几句充满感情的诗句。

关于我们时代和我们民族的这一辉煌饰品——杰出的艾萨克·牛顿的数学物理论文——的颂歌之节选

埃德蒙·哈雷著，I. 伯纳德·科恩和安妮·惠特曼　译

看，天体的模式，神圣结构的平衡，

看，对木星的计算和法则，

造物主在设定世界的开端时，不会违反；

……

啊，你们这些喜食天神甘露之人，

请和我一起高歌，颂扬了不起的牛顿，是他揭示了这一切。

他打开了隐藏真相的宝库，

……

他比任何人都更接近神灵。

新物理学

《原理》的大部分内容都晦涩难懂，但能够读完其数百页内容的人都能认识到它前无古人的颠覆性价值。正如我们所看到的，它向前迈出两大步：运动定律和万有引力定律。此外，书中还提出了质量这个重要的概念。

质量跟重量不是一个概念。这个概念对于正确理解力和运动之间的关系至关重要，但即使是到了现在，很多人也无法很好地理解这个概念。质量是物质的一种固有属性，分为惯性质量和引力质量。严格来说，这两种质量可以有不同的值，但在实际应用中，惯性质量和引力质量相等。

惯性是物体对其运动状态变化的一种阻抗程度。质量越大，加速所需的力就越大。在这里，牛顿的天才之举是摒弃了重量的概念，即在特定引力水平上施加在物体上的力。不要说在牛顿的时代，就是在现在，对于一个物体来说，人们所熟悉的也仅是其在地球表面的重量，但同样的物体在太空或月球上的重量却完全不同。重量应该用力的单位（科学体系中这个单位是"牛顿"，或简称"牛"）来表示，但实际上我们却用质量单位来代替。因此，当我们说某物重一千克时，实际上指的是物体在地球表面所测量出的重量。

牛顿的运动定律还要求我们能够透过现象看本质。古希腊人曾假定，任何物体都需要受到推动力才能保持运动——毕竟，这与我们的观察结果十分吻合。但牛顿第一运动定律指出，除非有力作用在物体上，否则物体将保持匀速直线运动或静止状态。正如我们所看到的，伽利略也认识到了这一点（甚至亚里士多德在论证真空不存在的时候也提出，如果真空能够存在，那么物体就会呈现这种情况），但牛顿进一步论证了这一理论，使其成为人人接受的事实。

牛顿第二运动定律给出了物体运动变化的方式、物体所受力和物体质量之间的关系。虽然牛顿并没有这样说明，但我们现在可以说，力等于质量乘以产生的加速度。伽利略通过实验确定了这一关系的某些方面，但牛顿是采用数学上的确定关系对其进行描述。

最后，牛顿第三运动定律告诉我们，任何作用力都有一个大小相等、方向相反的反作用力。当你推动某物时，它也会反作用于你。举例来说，如果你推一堵墙，反作用力的存在是显而易见的。但放到更广泛的范围，这却是一个新颖的观察结果，它是许多物理相互作用的基础，它也是飞机发动机、机翼以及火箭运作方式背后的原理。

质量和运动定律是《原理》的核心内容，也是前两卷中许多例子的核心。但牛顿最大的飞跃是提出了万有引力的概念。在《原理》中，引出这一概念的一个重要组成部分是

"壳层定理"，它证明了一个物体的质量可以被视为聚于一个点，即该物体的重心。牛顿万有引力定律将两个物体之间的力与它们的质量和重心之间距离的平方建立了反比关系。而且他意识到，引力既能作用于苹果使其下落，也能作用于轨道上的天体，使其绕中心天体运行。对此，牛顿曾想象月球轨道下降到几乎触及地球表面程度，然后给出了非常优雅的证明。

尽管牛顿对万有引力的作用原理有自己的一套理论，但他在《原理》中明确表示，他不会探讨这个（或任何）假设（他的拉丁文原文是 *hypotheses non fingo*）。根据他的理论，天体在一定距离内相互影响，其原因被描述为"隐秘的"（occult），因为看不出引力发挥作用的明显机制。直到 200 多年后爱因斯坦提出广义相对论，才最终完善了牛顿的理论，从而能够更准确地反映现实，并为引力的远距离作用做出了解释。

《原理》的基础是牛顿另一项伟大的原创性思想——微积分。虽然书中展示的绝大多数数学计算都是用几何方法进行的，但毫无疑问，微积分这种关于变化的数学，特别适合处理运动力学和万有引力作用所需的带有变化的加速度。这种数学方法，才是牛顿建立自己理论的核心。牛顿确实使用了微积分，但还远远不够。不过，我们在讨论这个特殊的日子的时候，对微积分的讨论不得不退居其次，这一方面是因为戈特弗

里德·莱布尼茨（Gottfried Leibniz）与牛顿同时期独立建立了
微积分（进行微积分计算的时候，我们今天使用的术语和符号
其实是莱布尼茨当年采用的），另一方面是因为在《原理》中，
微积分的应用大多是隐藏在字里行间的。

牛顿其人

　　牛顿经常与其他少数几个大科学家一起被推崇为革命性
的天才人物，然而科学是一个协作的过程，没有人可以孤立地
做出成果。牛顿的名言"如果我看得更远，那是因为我站在巨
人的肩膀上"似乎也强调了这一点，不过现在人们普遍认为他
说这话是在讽刺别人。这句话出现在牛顿写给胡克的信中，正
如我们在前面所提到的那样，牛顿跟胡克关系不睦。基于此
点，我们很难不去想这句话跟胡克驼背没有关系——显而易
见，胡克绝对称不上是巨人。

　　后来，牛顿与莱布尼茨因争抢是谁先开创了微积分而结
怨，还与皇家天文学家约翰·弗兰斯蒂德（John Flamsteed）
不和，后者曾向牛顿提供数据，帮助牛顿证实他的万有引力的
研究成果。牛顿曾向弗兰斯蒂德施压，要求他制作一份天文目
录，但弗兰斯蒂德尚未完成时，牛顿就出版了一份未经授权的
版本。这使得两人公开翻脸。

然而，尽管生活在一个新科学思想风起云涌的时代，牛顿却是该领域较为孤僻的工作者之一。在科学研究的活跃期，牛顿也不经常出入科学界的交流场所；而在他的高产期，他与英国皇家学会的关系也不融洽，尽管最终他成为该组织的领导。牛顿当然是利用了一切可以利用的科学成果，但他的物理学方法与伟大的前辈伽利略截然不同，他更坚定地以数学为核心。

我们还应该记住一点，虽然牛顿在某些时期曾集中精力研究过物理和数学，但在他一生的大部分时间里，物理和数学并不是他的主要关注点。牛顿个人藏书的目录就说明了这一点。他去世时拥有约 2 100 种图书，这在当时是一个很大的数字，但其中只有 109 种是关于物理和天文学的，126 种是关于数学的，而神学图书则有 477 种。在《原理》出版之后，他把更多的时间花在了政治活动和皇家造币厂的工作上。在造币厂工作期间，为了打击那些伪造钱币或是从钱币中剪切金属牟利的违法活动，他提高了法庭审判的效率，但是他并没有尝试依靠科学来解决这些问题。

人们常说牛顿是第一个因为科学研究而被授予爵士称号的人，但实际上，他的爵位是因为政治活动和在皇家造币厂的工作而获得的。但是，他在科学上所取得的巨大成就彰显了他无愧于天才的称号，而他所有成就的顶峰正是《原理》

的出版。

改变生活的发明

牛顿的研究成果为后来物理学的发展提供了源源不断的动力，这里仅举几个例子，说明《原理》的内容对具体成果的推动作用。

机械工程

所有机械工程都要用到牛顿运动定律。虽然在牛顿之前人们也能制造机器（例如车轮等最基本的机械部件），但现代机械的发展经常使用牛顿的这些基本原理。

喷气发动机

喷气发动机（以及火箭）完全依赖于牛顿第三运动定律。发动机将空气和燃料从后部排出，使得发动机被推向前方。

机翼

人们通常将飞机机翼的升力效应归因于伯努利原理，即机翼的形状可以改变机翼上下方的气压，从而产生升力。然而，研究飞机机翼运动影响因素的最简单方法是观察机翼的角度，空气在通过机翼时，机翼会向下推动空气。牛顿第三运动定律意味着机翼会受到反作用力，被空气向上推。

卫星

虽然太空飞行中最引人注目的环节是将宇航员送到地球以外，但到目前为止，对日常生活影响最大的还是卫星发射。因为卫星可以为我们提供通信、天气预报、全球定位系统导航等服务。如果不利用牛顿的万有引力定律，我们就不可能将卫星送入运行轨道（也无法将人类送上月球）。

第二日

DAY 2

1831 年 11 月 24 日,
迈克尔·法拉第——出版《电学实
验研究》

与艾萨克·牛顿相比，迈克尔·法拉第为人谦和内敛，他深知自己有何局限。主要靠自学成才的法拉第对物理学天生就很喜欢。他提出了"场"的概念，为后人提供了巨大的启示，这一概念也改变了理论物理学。尽管他的导师汉弗莱·戴维（Humphry Davy）认为法拉第从自己的朋友威廉·沃拉斯顿（William Wollaston）那里借鉴了一项发现，为此对他进行了猛烈抨击。但法拉第没有因此而气馁，继续自己的研究，开发了关键的发电设备，并最终将电力带给了大众。1831 年 11 月，法拉第发现了电磁感应现象，这也是他研究的顶峰。法拉第的研究使我们能够制造出电机和发电机。这样说来，马斯克应该把他的汽车公司命名为"法拉第"，而不是"特斯拉"。

1831 年

这一年，维克多·雨果（Victor Hugo）的《巴黎圣母院》（*The Hunchback of Notre-Dame*）出版；北磁极的实际位置得以确定；比利时国王利奥波德一世（Leopold I）加冕；英国国王威廉四世加冕；查尔斯·达尔文乘坐的英国皇家海军"贝格尔号"从普利茅斯港出发；英国物理学家詹姆斯·克拉克·麦克斯韦诞生，他后来成为法拉第在电磁学领域的继承人。前一年，比利时从荷兰独立出去。

法拉第简介

迈克尔·法拉第

- 物理学家、化学家兼科学普及工作者
- 科学遗产：物理学中场的概念、电磁学、电气工程、电磁感应、电解、苯的发现

1791 年 9 月 22 日出生于英国伦敦纽因顿小镇（Newington Butts）

教育经历：主要靠自学

1805 年 6 月—1812 年，从事装订学徒的工作

1813 年，成为英国伦敦皇家学院化学会主席汉弗莱·戴维（Humphry Davy）的助手

1821 年，任皇家学院助理院长

1821 年，与萨拉·巴纳德（Sarah Barnard）结婚

1824 年，当选皇家学会会员

1825 年，任皇家学会实验室主任

1827 年，发起皇家学会圣诞讲座

1833 年，成为皇家学院富勒里安（Fullerian）化学教授

1867 年 8 月 25 日，逝世于英格兰密得塞斯郡汉普顿宫，享年 75 岁

远距离魔法作用

几千年来，电和磁一直被认为是一种神秘的现象，因为它们可以远距离起作用，引起物体运动，并且还能产生火花。法拉第在 19 世纪早期进行了一系列实验，研究电和磁的相互作用，并在 1831 年发表了关于电磁感应这一重要现象的论文。

尽管电和磁在行为上有明显的相似之处，但直到 19 世纪，在物理学中，电和磁一直被当作两个独立的概念。直到现在，电和磁依然被当作两个独立的概念。比如在学校里或是日常生活中，人们仍然倾向于把电和磁当作两个毫不相干的东西，尽管它们各自都是电磁学的一个重要方面。

由于人类对电和磁存在的认识远早于现代科学，因此很难说电磁学的哪个方面是先被人们认识到的。例如，我们知道古希腊人既知道存在静电，也知道存在磁力。静电是物体上电荷积聚产生的，通常是通过摩擦获得。例如，摩擦气球会产生静电，使气球吸附在墙上或能吸起小纸片。同样，脱下化纤衣物时，积聚的静电也会电我们一下，并发出噼啪声。

古希腊时期，人们常用琥珀来制造静电。公元前 600 年左右，米利都的泰勒斯（Thales）注意到了静电效应，并造出了我们现在所熟悉的一个单词：elektron。在希腊语中，这个词指的是"琥珀"。磁铁能够吸引某些金属，并且能够指出南北方向。古希腊人知道，在希腊有一个叫作美格里亚（Magnesia）的地区出产一种特殊的石头。他们称为"美格里亚的石头"。

大蒜和山羊血

现在，一谈起电和磁，人们都会自然而然地把它们视作科学现象，但古希腊人却认为这两个现象跟魔法紧密相连。最能说明这一点的，是古希腊人认为磁铁跟大蒜和山羊血有种特殊的关系。古希腊人和古罗马人都相信，在磁铁上抹上大蒜汁，磁铁就会失去磁力，如果再将磁铁浸泡在山羊血中，磁力就恢复了。

如此武断的说法竟然能够流行开来，这在现代人看来实在是匪夷所思。在我们的头脑中，涉及对自然的理解，总是会想到通过实验去验证。用大蒜擦拭一下磁铁，然后确定磁铁是不是失去磁力了，这个实验似乎很容易。（比如，大家读到这里，如果有一两个人去试，我是不会感到惊讶的。但是，我跟大家保证，我家冰箱门上的磁铁就完全不受大蒜的影响。实验做到这一步我想也就够了，不用我再去验证山羊血的假设了。）

要理解古代人为何能够持有这种看似怪异的想法，有两个关键因素要考虑：古人依赖哲学来理解周围的世界；古人对权威人士极为尊重。通常情况下，古人通过哲学辩论来决定哪些是智慧之言，辩论结束后，获胜的论点即被视为事实。这样的断言要等待出现某个质疑者，采取极端的方式进行试验并将其推翻。

在公元后第一个千年末期，阿拉伯语地区开始倡导实验和经验对验证公认的智慧的重要性，一些欧洲思想家开始接纳这一观点。例如，13 世纪英国修道士、自然哲学家罗杰·培根[1]（Roger Bacon）就强调实验的重要性。虽然培根本人大部

---

[1] 罗杰·培根，英国具有唯物主义倾向的哲学家和自然科学家，著名的唯名论者，实验科学的前驱。具有广博的知识，素有"奇异的博士"之称。——译者注

分时间只做过光的实验，但他在倡导实验方面受到了《磁力通信集》（*Epistola de Magnete*）的作者彼得·佩雷格林努斯（Peter Peregrinus）的启发。培根似乎是在巴黎上大学时认识彼得的，在自己的著作中对他赞赏有加："他通过实验获得了自然、医学和炼金术方面的知识……"

因此，在培根的巨著《大著作》（*Opus Majus*，这是一部体量庞大的知识百科全书）中，有一整节专门论述了实验作为检验哲学理论的手段的重要性。培根写道："因此，想要对现象背后的真理确定无疑的人，必须懂得如何投身于实验。古代的作者在书中做出了很多断言，世人则因为他们没有经验做基础的推理，所以相信了这些断言。他们的推理经常完全是错误的。"

诚然，培根对实验的理解可能更接近于我们现在所说的经验——但他最早主张有必要对事物进行检验，而不是仅仅依靠哲学论证的力量，这一点是毫无疑问的，也是他不同于常人之处。正如我们在前面所看到的那样，旧思想的力量很强大，即使在牛顿年轻的时候，许多"科学"仍然与古希腊哲学家的观点有关。因此，尽管现在看来难以置信，但直到 17 世纪，仍然有很多人相信大蒜和山羊血能够影响磁铁的磁力。

不过，这种说法在当时也并非没有质疑者。意大利自然哲学家詹巴蒂斯塔·德拉·波尔塔（Giambattista della Porta）

在《自然魔法》(*Magiae Naturalis*)中曾写道(摘自他1589年著作的1658年译本):"吃了大蒜之后,冲着指路石(天然磁石)呼气并不能阻止它的功效。用大蒜汁涂满之后,它的功效依然如初,就像从未接触过大蒜汁一样。"

大蒜会影响磁铁的作用的说法源于"相生相克"学说——自然界中的某些事物之间有着天然的相生或相克的作用。人们之所以认为大蒜会消掉磁铁的磁性,与民间传说的大蒜能够用来驱赶吸血鬼的原因恐怕是如出一辙。大蒜被认为与毒物相克,而磁力在某种程度上被认为是有毒的。依据类似的推理,山羊血被认为与磁铁有相生的功效。

波尔塔还提供了一些有用的指南,说明磁铁的一些用途。例如,他指出,把刻有维纳斯图像的磁石放在妻子的枕头下,可以测试她是否忠诚:如果她是忠诚的,她会在睡梦中被你吸引,跟你靠近;如果不忠诚,她会把你推下床。他本人是否对这一假设进行了实验验证尚不清楚,但涉及磁学,他的一些较为准确的研究成果,似乎是从另一位研究者那里剽窃来的。

波尔塔似乎从意大利同胞莱昂纳多·加佐尼(Leonardo Garzoni)那里获得了一些材料。在一篇论文中,加佐尼描述了一系列用磁铁和铁棒做的实验,这些实验也被收录到英国自然哲学家威廉·吉尔伯特(William Gilbert)在1600年出版的一本名为《论磁》（*De Magnete*）的书中。《论磁》不仅为我们从科学角度理解磁铁的特性（虽然还不是它的作用原理）奠定了基础，而且可以说，就像彼得·佩雷格林努斯的研究给罗杰·培根带来的启发一样影响了实验科学本身的发展。事实上，正是吉尔伯特的书启发了伽利略，使其沉迷于科学实验。

吉尔伯特明确地指出，指南针之所以会有指向的作用，是因为地球本身就是一块磁铁，他制作了磁性小球，称作"terrellae"，通过实验来观察指南针与地球之间的相互作用。

电的经验

电的某些表现形式比磁力更为人所熟知，例如闪电。但最初人们并没有把摩擦琥珀产生的静电与天空中的闪电联系起来。静电和磁的作用显然有相似之处，但也有很大的不同，例如，磁只能吸引铁质物体，而静电能吸引碎纸、头发等物质。除了磁铁实验，吉尔伯特还进行了许多电学实验，扩大了可产生电效应的材料范围（不过他指出金属不会产生电，这显然是将磁铁和带电物体分开了）。

在 18 世纪，人们开发了一系列静电装置，这些装置产生的电荷比摩擦琥珀产生的电荷更多，而静电现象演示在"电男孩"表演中达到了顶峰。在此表演中，一个男孩被悬挂在绝缘材料上，用来传导电效应，这成了当时非常流行的一种娱乐活动。本杰明·富兰克林（Benjamin Franklin）著名的风筝实验是这一时期电磁研究往前迈进的一大步，这个实验表明，富兰克林已经将闪电与地球上的电联系起来。

富兰克林的风筝

基于我们对所有电气事物的经验，闪电一定是某种形式的电，这一点似乎显而易见。但是，直到近代人们才意识到这一点。据说，美国政治家和科学家富兰克林在 1752 年的一场雷雨中放飞了一只风筝，对闪电的性质进行了实验。据说风筝从闪电中吸收了电荷，使富兰克林固定在风筝绳上的钥匙迸出了火花。然而，如果这是真的，那么这种实验就太危险了，可能会导致死亡——绝对不能在雷雨中放飞风筝。

对这个实验的描述总体上是比较模糊的，我们甚至无法确定富兰克林是否真的做过这个实验。确定无疑的是，他在 1750 年的一本出版物中提出过类似的尝试，其他人也确实做过，但当时没有任何文献记录记载富兰克林本人做过这一实验。如果他做过，也不可能像人们通常描述的那样，在地上一动不动地拽着风筝等着被闪电击中。其实，他的目的是引来云中的电荷，使其在钥匙上积聚起来，而不是引来雷击。然后，他设想用导线将电荷传输到一个叫作莱顿瓶的原始储电装置中，如此一来，就可以证明雷雨中威力巨大的闪电，其实跟地面上产生的普通电荷是完全一样的。

在此之前，人们考虑的主要是静电——电荷的积累，无论是在云层中还是在一块琥珀上，都可能产生短暂的火花形式的电流。但是，对于法拉第的研究来说，第一步就是需要产生持续的电流，也就是我们现在所知的电子通过导电材料形成的电流。在意大利科学家亚历山德罗·伏特（Alessandro Volta）制造出蓄电池后，这一切成为可能。早期的电池被称为"电堆"（如图 2.1 所示），因为它们确实是由一堆电池单元组成的，每个单元都是一个铜盘，然后垫一个浸泡了盐水的纸盘，接着是一个锌盘——这些材料经过化学反应会产生电子流。

促成 1831 年 11 月 24 日重大发现的最后一步，是欧洲科学家进行的一系列实验。这些实验使人们开始认识到电与磁之间的关系——不是早期观察者所注意到的二者之间的相似，而是其中一种现象可以影响另一种现象的方式。丹麦科学家汉斯·克里斯蒂安·奥斯特（Hans Christian Ørsted）在 1819 年发现，罗盘针可以被附近通电的导线吸引而发生偏移，这表明电流具有磁效应。1821 年，法国科学家安德烈·玛丽·安培（André-Marie Ampère）扩展了他称为电动力学的科学，指出通电的导线可以相互吸引或排斥，类似于磁铁。第三个对法拉第的研究有所助益的新发现，是法国科学家兼政治家弗朗索瓦·阿拉果（François Arago）于 1824 年发现的旋转的铜盘会使悬浮在其上方的磁针移动。这显然不是磁效应——铜不是磁性材料——而是金属中发生了某种作用，产生了这种转动。

图 2.1　电堆

谦虚为本

维多利亚时代的许多科学家都很富有，这些人之所以能够全身心投入到科学的研究中，是因为他们不需要去赚钱养家糊口。然而，法拉第却完全不是这样的。他虽然出身贫寒，但是成名之后拒绝了许多荣誉，直到去世前一直是一介平民，只是被人尊称为法拉第先生。

法拉第出生前，他的父母为了谋生，从英格兰北部搬到了伦敦。年幼时，法拉第只接受过有限的学校教育，14 岁时就给在法国出生的书商乔治·里鲍（George Riebau）当了学徒。毫无疑问，里鲍是在影响法拉第学识发展的两个主要人物之一。里鲍是在法国大革命期间逃难到英国的，他鼓励法拉第阅读店里的书籍。法拉第在参加城市哲学协会（City Philosophical Society）的讲座时对科学非常痴迷，使他得到了第二个导师的指导，走上了科学研究的道路。这位导师就是汉弗莱·戴维。

戴维也是出身贫寒，但曾在家乡康沃尔的一所文法学校读过书。他先是当了一段时间的药剂师学徒。一个偶然的机会，戴维在布里斯托尔的一个叫作"气动研究所"的医学研究中心得到了提升，随后又在伦敦的皇家学会得到了进一步的提升。在那里，他精彩的公开演讲为他赢得了声望，再加上他娶了一位富有的寡妇，使他摇身一变成了一位绅士。

每次参加哲学协会的会议，法拉第都会精心做笔记，并且会把笔记装订成册。里鲍的一位客户看见了他的笔记，对这个年轻人产生了好感，送给了法拉第一张戴维系列讲座的门票。后来，在一次化学实验爆炸中，戴维的视力暂时受损，法拉第开始当他的助手。在这之后，法拉第又回到了装订厂。不久，皇家学会的实验室助理因斗殴而遭解雇，空出了一个长期职位。法拉第凭借之前的经验，自然而然地被这个职位录用。

黑球

在某些方面，戴维对法拉第的职业生涯起到了很好的促进作用，他带着法拉第完成了一次欧洲之行，在此过程中他们结识了许多著名的科学家，不过法拉第始终没有忘记自己的身份，他总是恭恭敬敬地既给戴维当侍从，又给他当科学助理。在此过程中，法拉第不断提升自己的社会地位。1821 年，他与萨拉·巴纳德结婚。同时代的人在描述法拉第的时候，很可能会说他踏实肯干，不张扬，没有突然进发的创造力，做起科研来总是兢兢业业，极为仔细。然而，戴维却对他的前助手进行了一系列打击。

法拉第一直做的都是化学方面的研究，但是戴维要求他整理电磁学这一令人兴奋的新领域的发展情况。正如我们在他 1831 年的论文中所看到的，法拉第非常了解欧洲同行所做的实验，他在这之前相当长的一段时间里着手复制那些科学家的实验结果，以便更好地收集信息。在这个过程中，意想不到的事情发生了。虽然先前的研究曾显示了简单的电磁吸引力，但当法拉第给永磁铁旁的导线通电时，导线动了。如果将这根导线悬挂起来，让它可以自由转动，它就会绕着磁铁转。

这是一个非常吸引人的现象，表明电和磁之间的相互作用不仅是物理学中引人入胜的一个主题，而且具有实际应用的潜力——这就是最简单的电动机。鉴于法拉第是戴维的助手，人们可能会认为这位年长者会对法拉第的成功表示祝贺，并竭尽全力支持他。相反，戴维却开始攻击他。

问题的根源似乎在于社会地位。戴维的一位朋友威廉·沃拉斯顿提出了一个未经证实的假设，即电流在导线中行进时会绕着导线盘旋。沃拉斯顿确信法拉第的发现是他的假设的直接结果，于是指责法拉第窃取了他的想法。戴维支持沃拉斯顿。尽管出身卑微，戴维现在却认为自己是上层社会的一部分，就像沃拉斯顿一样，而法拉第仍然是穷小子。两人之间由此出现了裂痕，从此再未真正弥合。1824 年，法拉第被提名为英国皇家学会会员时，只有一个人使用了表示不同意的黑球，这个人就是戴维。

电磁感应介绍

在沃拉斯顿事件后的一段时间里，法拉第远离了电磁学，回到了他最初热爱的化学领域，同时处理学会的行政事务，并扩展了公共讲座计划，包括周五晚上的正式活动和为年轻人举办的年度圣诞讲座，这些活动至今仍广受欢迎（如图 2.2 所示）。然而，像阿拉果圆盘这样的谜团实在太吸引人了，法拉第无法将其搁置，于是他在 1831 年重返电磁学这一领域。

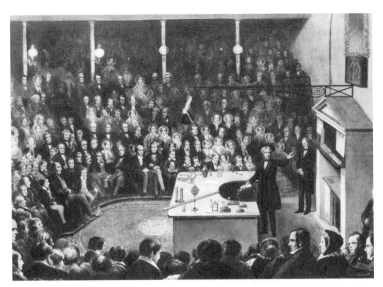

图 2.2　法拉第在皇家学会发表圣诞演讲

同年 8 月，他发现将两根绝缘导线缠绕在一个形似链环的铁圈的两个平行的直边上，如果让电流通过一根导线，在另一根导线上也会产生电流，尽管这两根导线之间并没有直接接触。这种所谓电感应的迷人之处还在于，新的感应电流并不是持续流动的。当接通一根导线使电流通过时，另一根导线中的电流会短暂地激增，然后消失。同样，当电流切断时，另一根导线中也会短暂出现电流。

　　正如奥斯特所证明的，电流具有磁效应。因此，当电流通过一根导线时，会对另一根导线产生磁效应。磁性水平的变化似乎导致了感应电流的产生。为了验证这一点，法拉第在实验中将永磁铁移到导线附近，结果发现这样也会产生电流。此前，他用转动的导线预示了电动机的出现，而这个实验则为发电机的发明奠定了基础。

 ——————————

皮尔的反驳

　　据说，法拉第在展示了电磁感应后，当时的英国首相罗伯特·皮尔（Robert Peel）问他，这个发现有什么用呢？法拉第回答说："我不知道，但我敢确定，总有一天你的政府会对它征税。"

　　这个故事的准确性存在很大疑问。有时，人们会说，这

段对话发生在法拉第和当时的财政大臣威廉·格莱斯顿
（William Gladstone）之间。但是，法拉第一贯不谙世事，对政
界人物反唇相讥跟他的性格相差甚远。此外，法拉第到底是怎
么说的，流传的版本多种多样，有一个版本是："阁下，您可
能很快就会对它征税。"

皮尔曾在 1834—1835 年和 1841—1846 年两度出任首相，
而格莱斯顿直到 1868 年才成为首相。虽然现代形式的发电机
直到 1866 年才问世，但早期的发电机早在 19 世纪 40 年代就
已开始使用，因此除了皮尔的第一个任期外，其他的时段似乎
不太可能发生这样的交流。

虽然这一研究进展巩固了法拉第的研究对世界的重要性，
并很快出现在他的重要论文中。但是这里，我们觉得值得探讨
一下他的这项研究，虽然它没有产生直接的影响，但是彻底改
变了物理学的性质。尤其是考虑到法拉第没有接受过正规教
育，这更是一个了不起的创举。

在试图解释磁铁如何远程影响导线从而产生电流的过程
中，法拉第提出了力线的概念——即所谓的场的构成要素。在
一张纸上撒上铁屑，在纸下面放一个条形磁铁，我们就会看到
铁屑在磁力的作用下组合成一系列从磁铁的一个磁极延伸到另
一个磁极的弯曲线条。法拉第想象，当电磁铁启动时，这些线

条就会像雨伞的伞骨展开一样，移动到位。然后他推测，导线移动时，会切割磁力线。法拉第认为，正是对磁力线的切割——无论是通过开关电磁铁还是移动永久性磁铁——诱发产生了电流。

磁力线在理论上发展成为场的概念，这是一种在空间的每一点都有数值的现象，这些数值会随着时间的推移而变化。这个"场"的概念是现代物理学的核心。

11 月的一个星期四，这些想法在法拉第的脑海中回旋。他在整理自己的思路，不过不是在自己的工作场所，而是在英国的最高科学组织——英国皇家学会。

实验研究：1831 年的一天

1831 年 11 月 24 日，法拉第在英国皇家学会宣读论文《电学实验研究》（*Experimental Researches in Electricity*），这篇论文于次年被发表于《自然科学会报》（*Philosophical Transactions*）。在这篇论文中，法拉第阐述了电磁感应的本质，即从磁力中产生电，并用典型的方式描述了"物质的新电学条件"和"阿拉果的磁现象"。

这并不是第一次提到"感应"，即在靠近但不直接接触另一个带电导体的导体中产生电流的能力。但法拉第的成就是开辟了一个新的领域，而在此之前，人们对这一领域都是绕着走。法拉第的成果使得发电机和电动机等全新应用成为可能。正如他所说的那样，"从普通磁性中获得电的希望在不同时期激励着我去做实验研究电流的感应"。

法拉第有条不紊地做了一系列实验，并向读者详细介绍了他是如何进行实验的。例如：准备直径为 0.05 英寸①的铜线，长度约 26 英尺②，绕在一个木制圆柱体上，形成螺旋状，圆柱体之间用细麻绳隔开，防止触碰。螺旋体用印花布覆盖，然后用同样的方法缠上第二根线。就这样，12 根螺旋线叠加在一起，每根螺旋线平均长度为 26 英尺，而且方向一致。第一、第三、第五、第七、第九和第十一根螺旋线的末端连接在一起，形成一整根螺旋线；剩下的螺旋线以类似的方式连接在一起；这样就产生了两根主要的螺旋线，它们紧密缠绕，方向相同，但相互绝缘，没有任何地方相碰，每根螺旋线约是一根 155 英尺长的导线。

把一根螺旋线连接到电流计（一种测量电流的仪器）上，另一根螺旋线连接到电池上。法拉第说道，"在没有任何移动的情况下，无法观察到电流计指针有丝毫明显的偏转"。但他坚持不懈，并注意到电流接通和断开时，电流计电路会产生微小的影响，而当电流通过之字形导线时，电流计电路会产生更

---

① 1 英寸 =2.54 厘米。——编者注
② 1 英尺 =30.48 厘米。——编者注

大的影响。当移动停止时，这些效应也随之消失。

法拉第提及，"用舌头[1]、火花、加热细铁丝或木炭都找不到证据"——或者说，找不到证据表明感应电流是否产生任何化学效应，这充分说明了当时人们对电的一致性本质尚不确定。他认为，"这种效应的缺乏"并不是因为感应电流不能穿过流体——那样的话就意味着静电是另一种形式的电，而可能是因为感应电流持续时间短且微弱。

同样，他还用"普通电"做了类似的实验。他的实验也是使用莱顿瓶进行的静电实验。莱顿瓶是一种储存电荷的装置，可以看作是现在电容器的早期版本。在这个实验中，莱顿瓶不会像电池那样产生稳定的电流，而是会产生非常快速的一次性浪涌电流，正如法拉第所指出的，实验者几乎不可能将电流开始和结束的两种效应分开。同样，人们还无法确定这种正常电流和他所描述的伏打电池发出的电是否是一回事，二者是否只是运行方式不同而已。

艰苦的探索

法拉第接着研究了"电从磁演变而来"——鉴于人们对电

---

[1] 人类的舌头对电流很敏感。——译者注

磁铁的了解，这自然是电磁感应一系列实验的后续。他没有让一根导线作用在另一根导线上，而是将导线缠绕在一个铁环上，使其变成一个电磁铁，在接通和断开时再次产生短暂的感应电流。然后，他用"普通磁铁"（简单的条形磁铁）产生了类似的效应。

现在阅读这篇论文，我们能感受到法拉第锲而不舍的精神。法拉第采用了不同的结构和材料进行了一次又一次的实验，总共进行了一百多次。但后来，法拉第走入了一条死胡同，他描述了一种他称为"电致紧张态"的理论，即受到感应的导线中的物质会进入一种奇特的状态——不过他在注文中指出，"后来对这些现象的规律的研究使我意识到，如果不承认电致紧张态，就可以完全解释后来的状态"。因此，他放弃了这一概念，因为他意识到，他所认为的独立状态只是磁力线运行方式的一种反映。

最后，法拉第利用感应的概念解释了上文提到的阿拉果"磁现象"中发生的情况，即尽管铜不是磁性材料，但铜盘却能拖动磁铁。法拉第意识到，磁铁和圆盘的相对运动可以在铜上感应出电流，从而产生电磁效应。该论文再次向我们介绍了一些细节，例如：

电流计的制作很粗糙，但其指示却足够精细。电线是用丝绸包裹的铜线，绕了 16 圈或 18 圈。两根缝衣针被磁化，穿过一根干草茎，彼此平行，但方向相反，相距约半英寸；这个系统由一根未纺丝的纤维悬挂着，这样下面的针就在倍增器的线圈之间，上面的针在线圈之上。

法拉第的论文让人们了解了他的工作方法和通过细致入微的实验解决难题的能力。但这也标志着一个新世界的开始——电力开始转变为日常生活的动力源。当年法拉第在宣读自己的论文时，应该是在煤气灯下。几十年后，由电感应产生的电力席卷全球。

第二年，法拉第和其他人开始生产粗糙的发电机，同年，一种实用的电动机被展示给了世人。早在 1837 年，电力机车就已经问世，不过当时是用电池驱动的。又过了几十年，直到 19 世纪 70 年代，电动火车才成为一种商业上的提议。以发电机驱动的电弧照明也于这个年代问世，随后不久白炽灯也问世了。

法拉第其人

在法拉第的一生中，其科学家的角色是从天才的业余爱好者逐渐转变成了职业科学家。而"科学家"这个词直到他最重要的论文发表三年后才被创造出来。按当时的说法，法拉第应该被称为自然哲学家，人们之所以用"科学家"这一称谓而不是"自然哲学家"来称呼他,部分原因是"真正的"哲学家认为像法拉第这样的人不应该拥有这一称谓。

法拉第没有接受过大学教育,并且他也跟现代物理学家有所不同。现代物理学家的研究,可能以数学为主要的工具,而他在应用数学的时候,几乎没有超出过算术的方法。虽然牛顿的数学一直很突出,但这并不特别令人惊讶,因为牛顿自认为是数学家。法拉第同时代的其他物理学家,学术背景更强,但他们中的许多人在数学方面的知识也很有限。当詹姆斯·克拉克·麦克斯韦在19世纪60年代出版他的电磁学的纯数学研究成果时,包括威廉·汤姆森(William Thomson)等当时的领军人物在内的许多人都承认,这本书让他们感到很难理解。

法拉第的宗教信仰很坚定,其中包括对《圣经》的字面解释。虽然他经常在公开场合演讲,但却极少参加社交活动(尽管他喜欢音乐和戏剧),他更喜欢与家人相伴。他很喜欢早期的自行车——就是轮子一大一小的那种。人们普遍觉得他温和而善良。不过,物理学教授约翰·丁达尔(John Tyndall,又译廷德尔)指出,我们千万不要用一个漫画形象套在法拉第的身上。丁达尔写道:"在他的温文尔雅之下,隐藏着火山般的热量。他天性容易激动,感情炽热如火;但通过高度自律,他把这种火焰转化为生命的核心光芒和动力,没有让它浪费在无用的激情中。"

改变生活的发明

发电机

  法拉第 1831 年的论文，直接催生了能产生电流的设备。最早的发电机设计是让线圈在磁场中旋转，从而产生电流。后来，交流发电机变得越来越普遍，这种发电机可以产生交流电，是 20 世纪初以来通过电网用电的主要电力类型。通常情况下，在交流发电机中，线圈是静止的，转动的是磁铁，但这种发电机的原理仍然依赖于法拉第的发现。

变压器

  交流电供电之所以是主流的供电方式，原因之一是制造交流变压器要比制造直流变压器更容易，因为直流电的流动方向是不变的。由于交流电的电流方向始终在变化，因此通过这种电流的线圈会在另一个线圈中持续产生感应电流——通过改变两个线圈中的绕组数量，就可以产生不同的电压，而这一切也都归功于法拉第的发现。

无线充电

越来越多的手机、电动牙刷和其他电池设备放置在无线充电器上就能充电，而无须插入供电头。这种充电器会在待充电设备的线圈中产生电流，这也是基于法拉第的发现。

第三日

DAY 3

1850 年 2 月 18 日，
鲁道夫·克劳修斯——发表论文
《论热的移动力及可能由此得出的
热定律》

比起牛顿来，德国物理学家鲁道夫·克劳修斯可能不那么出名，但在热力学科学发展史上，他却是一位关键性的人物。1850 年 2 月 18 日这一天，他在柏林科学院（Berlin Academy）宣读了他的论文，该论文提出了热力学第二定律。这一定律是理解热量流动和依赖热量的发动机工作的基础——热力学第二定律甚至被认为是推动我们对时间进程的认识的自然界的一个属性。克劳修斯这位科学家的名字理应广为人知，因为在全世界的各个角落，我们都能看到依据他提出的原理运行的机器。

1850 年

有很多人们耳熟能详的事件在这一年发生：美国运通公司成立；加利福尼亚成为美国的一个州，在此之前不久，洛杉矶和旧金山正式建市。英国湖畔派诗人威廉·华兹华斯（William Wordsworth）去世；英国作家罗伯特·路易斯·史蒂文森（Robert Louis Stevenson）出生；美国副总统米勒德·菲尔莫尔（Millard Fillmore）因总统扎卡里·泰勒（Zachary Taylor）去世而继任第十三任总统。是年，澳大利亚有了自己的第一所大学，即悉尼大学。

克劳修斯简介

鲁道夫 · 克劳修斯

- 物理学家及数学家
- 科学遗产：热力学和熵

1822 年 1 月 2 日，出生于普鲁士克斯林（今波兰科沙林）

教育经历：柏林大学和哈勒大学

1850—1855 年，柏林大学物理学教授

1855—1867 年，苏黎世联邦理工学院（ETH Zurich）物理
学教授

1859 年，与阿德莱德 · 丽姆普兰姆（Adelheid Rimpam）
结婚

1867—1869 年，维尔茨堡大学物理学教授

1869—1888 年，波恩大学物理学教授

1870 年，在普法战争中组织救护队并在战斗中受伤

1886 年，与索菲·萨克（Sopie Sack）结婚

1888 年 8 月 24 日卒于普鲁士波恩，享年 66 岁

热量之谜

与 20 世纪之前的许多物理学家一样，克劳修斯一生的研究并非专注于某个单一的课题。他早期的研究主要关注的是天空的颜色。他提出假设，认为白天天空呈现蓝色，而落日前后呈现红色，是由于光的反射和折射造成的。可惜，他的解释是错误的。直到 1899 年，约翰·斯特拉特（John Strutt）才对此做出了正确的解释。他证明光线会被大气分子散射，而蓝光更容易与大气中的气体分子相互作用而转向。因此，蓝光在天空中扩散，而光谱中靠近红色端的光则会到达地表。在日出和日落时分，由于光线以较小的角度进入大气层，因此会穿过更多的空气，这就会更多地被散射，形成偏暖色的朝霞和晚霞。

巧合的是，克劳修斯转而研究的下一个领域，也由于对事情的误解而导致人们建立了错误的模型。不过在这个领域，虽然所提出的科学理论不正确，人们却能根据此理论做出有用

的推论。18 世纪时，人们普遍认为热是一种无形的流体，会从热物体流向冷物体。这种流体被法国化学家安托万·拉瓦锡（Antoine Lavoisier）命名为"热质"，人们认为它是守恒的——既不被创生，也不被破坏，在物体接触时，从一个物体流向另一个物体。

法国工程师萨迪·卡诺（Sadi Carnot）有效地开创了热力学这门研究热量流动的科学，这对帮助人们理解越来越重要的蒸汽机的做功效率至关重要。1824 年，也就是克劳修斯出生后不久，卡诺写了一本书《论火的动力及与产生该动力相适应的机器》（*Réflexions sur la Puissance Motrice du Feu*），解释蒸汽机的工作原理是热质从热体转移到冷体。

遗憾的是，1832 年，卡诺在 36 岁时英年早逝，他的著作也没有得到广泛传播。好在他的思想被另一位法国工程师埃米尔·克拉珀龙（Émile Clapeyron）在 1834 年的一篇论文中传播开来。但是此时，作为卡诺的理论基础的旧的热质理论已千疮百孔。

对热质理论的第一次攻击远早于卡诺的研究，当时朗福德伯爵（Count Rumford，即本杰明·汤普森）采用实验的方法对热质理论的性质进行检验。朗福德是一个多才多艺的人。他是一位出生于美国的英国人，后来在英国被封为爵士，之后又因在巴伐利亚的研究而被册封为神圣罗马帝国伯爵。正是在巴伐利亚期间，他对大炮构造进行了细致的观察，让他对热质理论产生了怀疑。

大炮的炮筒是在一个坚固的金属圆柱体上钻孔而制造出来的。使用过钻头的人都知道，钻孔过程中钻头与材料之间的摩擦会产生大量热量。朗福德使用的是特别钝的钻头，制作炮筒的原件要浸在水中进行钻孔，他测量了水温的升高过程，发现强烈的摩擦可以使水温达到沸点。

考虑到物体中应该含有热质，而且理论上热质是守恒的，因此不断钻孔的结果应该是消耗掉炮筒中的热质。但朗福德发现，所谓的热质似乎取之不尽，用之不竭——只要他不断镗孔，就会产生热量。朗福德推断，热量在某种程度上与运动有关，是由摩擦引发的。他的研究成果被另一位物理学家，曼彻斯特的詹姆斯·焦耳（James Joule）所继承。

焦耳对改进家族酿酒厂的技术很感兴趣，他从蒸汽动力转向法拉第的电动机，同时测量了电力产生的热量和机械做功产生的热量，并通过一个实验和其他装置量化了两者之间的关系。该实验将一个下落的重物与一个装满水的容器中的旋转桨连接起来，测量其所导致的温度升高（如图 3.1所示）。

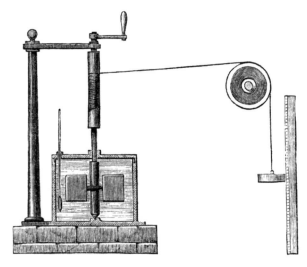

图 3.1　焦耳设计的桨型装置

　　到 19 世纪 40 年代末，人们逐渐认识到，热是一种能量形式——所以守恒的是这种能量，而热质并不存在。

抛弃热质说：1850 年的那一天

　　虽然朗福德和焦耳等人的研究让热质说走到了尽头，但最终毕其功于一役，彻底埋葬热质说的是克劳修斯在 1850 年发表的论文《论热的移动力及可能由此得出的热定律》(*On the Moving Force of Heat and the Laws of Heat which may be Deduced Therefrom*)。由于热质本身曾被认为是一种物质，卡诺和其他热质理论的支持者认为物质中的热量反映了物质本身的性质。克劳修斯否定了这一观点，他明确指出，热量所能产生的最大的功完全取决于相关热源的绝对温度。这跟所使用的材料种类毫无关系。

热源

我们设想一个简单的热机，例如蒸汽机，很容易想到它的工作原理：利用燃料燃烧释放的能量将水烧开，产生的蒸汽推动活塞，为发动机提供动力。然而，这幅想象图却忽略了热机的一个重要组成部分——冷机。热机的工作原理是热量从温度较高的部分转移到温度较低的部分［后者通常被称为"冷槽"（冷凝器）］，并在此过程中做功。

例如，在蒸汽机中，活塞在膨胀蒸汽的推动下朝一个方向移动，但随后又必须返回，后一个动作是冷却的结果。蒸汽机通过向大气排放蒸汽或使用冷凝器来实现这一目的，冷凝器可以是一个简单的冷水夹套。使用冷水槽作为冷凝器的一个应用实例是发电站的冷却塔，用于冷却蒸汽轮机中使用过的水。

在卡诺研究的基础上，克劳修斯发现冷热蓄热器之间的绝对温标的差值（高于绝对零度 −273.15℃ 的温度）是热机最大效率的唯一决定因素。

　　这并不是克劳修斯在1850年的论文中对热质理论所做的唯一质疑。热质理论的另一个理论是，系统中的热量是守恒的。热质不能被创造或毁灭，它只是从一个地方流向另一个地方。此前朗福德和焦耳已经证明事实并非如此，因此克劳修斯提出了热力学第一定律的解析式，即当热做功时，热会转化为功。守恒的不是热量，而是能量。焦耳证明，能量可以从一种类型转化为另一种类型，但其总量保持不变。（到1905年，也就是在第六日提到的那篇论文，在其撰写完成后，我们就会发现即使这样说也不完全正确了。守恒的不是能量，而是质能。正如热和功可以相互转换一样，物质和能量也可以相互转换。）

　　我们必须注意，在撰写这篇论文时，克劳修斯在国际物理学界还寂寂无名。直到1848年夏天他才获得博士学位，讽刺的是，他的学位是因为他错误地解释了为什么白天天空是蓝色的，而清晨和傍晚却是红色的。获得博士学位后不久并且仍在哈勒大学任职时，克劳修斯发表了他的热量理论论文。正是这篇论文，让他赢得了第一个重要的学术职位，获得了柏林大学的教学资格。

热力学第二定律

　　热力学第二定律是在克劳修斯关于移动热量的论文中首

次明确提出的，虽然看似简单，但实际上它的作用远远超出了人们的预期。热力理论成为克劳修斯的专长，而顾名思义，热力学第二定律是关于热的运动（动力学）的。其表述是："如果没有其他相关的变化同时发生，热量永远无法从较冷的物体传递到较热的物体。"

之后，热力学又增加了另外两个定律。热力学第零定律（之所以称为第零定律，是因为从原理上来说，它比第一定律更基本）的提出可追溯到 20 世纪 30 年代，它有效地填补了一个潜在的漏洞，即如果两个系统都与第三个系统处于热平衡状态（它们之间没有净热流），那么这两个系统之间也必互相处于热平衡状态。热力学第三定律是 20 世纪初提出的，涉及的是自然界中不太可能出现的情况，它实际上是说，不可能通过有限的步骤将物体的温度降低到绝对零度（即不可能使一个物体冷却到绝对零度）。

乍看上去，热力学第二定律似乎并不重要。热量从温度较高的物体流向温度较低的物体，这不是显而易见的吗？但在物理学中，表面上显而易见的常识性观点并不总是正确的，需要被证明其正确性。冰箱的存在就带来了一个明显的问题。冰箱从其低温的内部带走热量，并将热量泵入周围较热的房间——这与定律的预测正好相反。

然而，要注意，热力学第二定律只适用于没有能量进入系统的情况。冰箱不会自发地将热量从冷的地方转移到热的地方——这需要额外的能量来实现。一旦我们能够向系统中输入能量，就完全有可能运行这样的热交换器。外部能量源导致第二定律逆转（以熵的形式，下文将述及）的另一种情况是，太阳将能量注入地球。

增加熵

第二定律的最初表述都是关于热的运动，但克劳修斯是第一个意识到其中还涉及其他东西的人，他将这种东西命名为"熵"（德语：die Entropie）。他之所以造出这个词，是为了与"能量"（die Energie）一词相配（两个词看上去头尾相似）。正如克劳修斯将能量理解为某种事物的功的含量一样，熵代表的是他所说的"转化含量"。

克劳修斯用这个词所表示的是可以追溯到卡诺提出的一个概念，即当热量转化为功时，总会有一些热量流失到环境中，会产生无用的输出——不可能造出一台热转换效率为百分之百的机器。克劳修斯认为，功的含量和转化率之间的区别在于，一定比例的热量会做功，但有些热量会在转化过程中消耗掉。

整个 19 世纪 50 年代，克劳修斯都在不断完善这一概念，直到 1862 年，他首次提出了基于熵的第二定律版本，指出一个系统中的转化总和（熵的变化）只能是零或正值。换句话说，一个封闭系统中的熵会保持不变或上升。

从某种意义上说，克劳修斯提出的第二定律是超前于时代的。他意识到热量与物体各组成部分的运动动能有关，但并没有像同时代的一些更年轻的学者那样对此进行更深入的挖掘。直到1870年代，由路德维希·玻尔兹曼（Ludwig Boltzmann）和麦克斯韦首创的统计力学观点才明确了熵的真正含义。这种观点将系统中的热量视为物质中粒子能量的总和。举例来说，在一盒气体中，热量是气体分子在盒中高速运动的结果——它们具有动能，这决定了热量的存在。

通过这一更清晰的视角，熵被转化为系统各组成部分组织方式数量的度量。可能的方式越多，熵就越大。这如何证明第二定律，可以从一个简单的例子中看出来：有两个装满气体的盒子，一盒温度高，另一盒温度低，中间有隔板隔开。

在这种情况下，存在着一种相对的秩序。当然，每一个气体分子在每个盒子中的运动状态可以有很多种，比如说，移动较快的分子都在左边的盒子中，移动较慢的分子在右边的盒子中。如果我们打开隔板，让气体分子在两个盒子之间自由移动，一段时间后，我们就会发现每个盒子里冷热分子混合在一起。与热分子聚集在一个地方而冷分子在另一个地方的情况相比，两类分子混合的方式显然要多得多。这时候，熵增加了。

用以前的热力学术语来描述，热量从较热的盒子转移到了较冷的盒子。但是，要使这一过程逆转过来，我们需要一个不太可能发生的结果，即所有的热分子会自行朝一个方向移动，而所有的冷分子则朝另一个方向移动，结果就是，热量从一个较冷的盒子移动到一个较热的盒子。这种情况不太可能发生。

不过，接下来我们要说的，会让当年的克劳修斯大感不安。在新的表述中，热力学第二定律变成了统计性的法则，而不是绝对的。从统计学角度讲，热力学第二定律所描述的可能性的概率更高，但并不是确定无疑的。尽管我们都会认为熵在任何合理的情况下会保持不变或增加，但熵仍然有自发减少的可能性。这可能让我们感觉很不可思议。要知道，熵是衡量系统无序程度的一个指标，这就好比期待一个打破的鸡蛋会自动复原变得完好如初一样。不过，从统计学上讲，只要有足够的时间，熵偶尔会自发减少。然而，考虑到即使是一小盒气体中也有数量极其巨大的分子，所以这盒气体的熵可能需要数十亿年的时间才能发生微小的减少。

麦克斯韦的妖

英国物理学家麦克斯韦曾提出过一个假想的角色，后来被称为"麦克斯韦的妖"，巧妙地说明了热力学第二定律的统计学性质。

如上所述，我们用两盒气体进行实验，但开始时它们的温度相同。实际上，并非所有的分子都以相同的速度运动。当我们说两个盒子中的气体温度相同时，我们指的是，两个盒子中气体分子的平均速度相同。麦克斯韦想象，两个盒子相连，两个盒子之间有一扇门。如果一个速度快的分子从左向右移动，妖就会打开门，让它通过。速度慢的分子从右向左移动时也是如此。但其他分子则不会获准通过。

如此一来，一边会变得越来越热，另一边则变得越来越冷。但系统并没有做功（门被设想为是无摩擦的）。这一想象的景象似乎与热力学第二定律背道而驰。实际上，它更多地说明了热力学第二定律的统计学属性。尽管多年来有人试图证明"麦克斯韦的妖"假想无法成立，但这一概念从未被完全推翻。这个"妖"仍然是第二定律的一个有趣的配角。

克劳修斯其人

克劳修斯成长于一个大家庭，在其父亲的学校接受教育（老克劳修斯曾任学校校长和教会牧师），之后进入斯德丁高级中学（Stettin Gymnasium，Gymnasium 在德语中指为学生准备升入大学而设的中学）。考进柏林大学后，他最初的兴趣是历史，但后来转向数学和物理学。毕业后，他选择在物理界担任学术职务。

早期，他对热学的研究走了弯路。1850 年的这篇论文是他发表的第一篇重要著作，也是他最著名的研究成果。直到 19 世纪 70 年代中期，他一直致力于热学研究，后来他将研究重点转向电磁学。1870—1871 年爆发了普法战争，妨碍了他的研究。尽管此时已年近 50 岁，克劳修斯仍带领波恩大学的学生组成了一支救护车队。他曾在战场上负伤，并获得了铁十字勋章。

克劳修斯结过两次婚。他的第一任妻子阿迪尔海德于 1875 年去世。他们共生育了 6 个孩子（克劳修斯共有 7 个孩子，但只有 4 个活到成年）。1886 年，他娶了索菲。克劳修斯做起科研来意志坚定，据说临终前他仍在搞科研。

克劳修斯有强烈的爱国主义思想，这让他会因爱国而忽视了科学上的国际合作。他对焦耳比自己的德国同胞朱利叶斯·冯·迈尔（Julius von Mayer）更早做出相同的发现这一说法表示不满，他还质疑麦克斯韦热学研究的原创性。而麦克斯韦对待科学则一向严谨认真，坦诚自己的研究成果是建立在克劳修斯的论文基础上的。尽管有些民族主义的思想，克劳修斯还是在 1868 年欣然接受了伦敦皇家学会的会员资格。

改变生活的发明

内燃机

尽管预计到 21 世纪中叶，内燃机很可能会基本绝迹，但其在出现之后的 100 多年的时间里，一直是科技文明发展的重要推动力。以汽油或柴油为动力的内燃机在 19 世纪 70 年代被开发成作业装置。内燃机看起来似乎跟蒸汽机截然不同，但其实两者都属于热机，利用的是克劳修斯开创的物理学原理，将产生的热量转化为动力。

发电站

谈及能源和动力，英语的表现力特别薄弱。比如，我们说发电站产生（generate）能量，但实际上，发电站的机制是一种将能量从一种形式转化为另一种形式，遵循热力学第一和第二定律。除核能外，发电站几乎所有的能量都来自太阳。太阳的能量是以光的形式经过一个或多个阶段，最终转化为电能的。（即使是燃烧化石燃料的发电站，也是利用以化学能形式储存在植物中的光能，通过燃烧释放出热量，驱动发电机发电。）

供暖系统

取暖是人的一项基本需求，其最基本的方式是点火取暖。

由于人们对取暖太熟悉，以至于很容易忽略取暖也是一个热力学过程。供暖系统通常需要让能量从一种形式向另一种形式转换，这个过程涉及热力学第一定律；而热力学第二定律则要求，散热器或类似装置的温度应高于周围空气的温度，这样热量才会从散热器向周围流动。

冰箱和空调

冰箱和空调是热力学第二定律的典型应用。这两种电器的本质是一种热泵，它们将热量从一个地方（冰箱内部或房间里）转移到另一个地方。空调通常将热量转移到建筑物外部，而冰箱背面的散热器则将冰箱里的热量送入室内。之所以能做到这一点，是因为我们向设备中注入了能量——通常是电能。

第四日

DAY 4

1861 年 3 月 11 日，
詹姆斯·克拉克·麦克斯韦——出版
《论物理力线》

从色觉到气体动力学理论，麦克斯韦兴趣广泛，但他对现代世界的最大贡献是将电和磁结合在一起，用一系列方程描述二者的关系，这些方程推动了电磁应用的未来，并预测了无线电波的存在。他在这一天向世人揭示了他关于电磁学的先进思想——这些思想如今已成为人们理解电磁学的核心。理查德·费曼（Richard Feynman）曾说："从长远的人类历史的视角来看——比如说，一万年以后回望现在——毫无疑问，后世会认为19世纪最重要的事件是麦克斯韦发现了电动力学定律。"他的这番话不无道理。麦克斯韦为人和蔼可亲，具有独特的幽默感，是人类历史上最伟大的物理学家之一，但相当一部分人可能对他的大名闻所未闻。

1861 年

1861 年，堪萨斯州成为第 34 个州后不久，美国内战爆发，林肯当选为美国第十六任总统。意大利王国宣告成立，并于 1870 年完成统一。世界上第一艘全铁壳战列舰——英国皇家海军勇士号战列舰服役。华盛顿大学成立。备受争议的教育家鲁道夫·斯坦纳（Rudolf Steiner）、军事家埃德蒙·艾伦比（Edmund Allenby）和马克西米利安·冯·施佩（Maximilian von Spee）、冰岛首任总理汉内斯·哈夫斯坦（Hannes Hafstein）

和电影先驱乔治·梅里爱（Georges Méliès）出生。普鲁士国王
腓特烈·威廉四世（Frederick William Ⅳ）、诗人伊丽莎白·巴
雷特·勃朗宁（Elizabeth Barrett Browning）、美国火器制造商
伊利法莱特·雷明顿（Eliphalet Remington）和维多利亚女王
的丈夫阿尔伯特亲王逝世。

麦克斯韦简介

詹姆斯·克拉克·麦克斯韦

- 物理学家
- 科学遗产：颜色理论、气体动力学理论和电磁学理论

1831 年 6 月 13 日出生于英国苏格兰的爱丁堡

教育经历：爱丁堡大学和剑桥大学

1855 年，在剑桥大学三一学院院士

1856 年，继承邓弗里斯和加洛韦的格伦莱尔庄园

1856—1860 年，在阿伯丁马里斯彻尔学院自然哲学教授

1858 年，与凯瑟琳·杜瓦（Katherine Dewar）结婚

1860—1865 年，伦敦国王学院自然哲学教授

1871—1879 年，剑桥大学卡文迪许实验室物理学教授

1879 年 11 月 5 日，逝世于英国剑桥，享年 48 岁

类比的力量

我们已经在"第二日"看到了法拉第描述电磁关系的理论的诞生，但麦克斯韦揭示了有关这种现象更多的内容。即便如此，法拉第的"场"概念仍是现代物理学的核心，更重要的是，它为麦克斯韦在 1861 年发表的论文提供了灵感——论文标题中甚至都出现了法拉第发明的"力线"这个词。这篇论文不仅为现代电磁设备奠定了基础，解释了光的本质，并使无线电、雷达、微波炉和其他基于电磁波的技术的发展成为可能。

放在我们这个时代来看，麦克斯韦似乎是个神童。他在 25 岁时就成了自然哲学（当年最常见术语，相当于我们现在所说的"科学"）教授，而在现代社会，某个未来的物理学家在这个年龄可能才刚刚拿到博士学位。然而，在当时，如此快速的晋升并非闻所未闻之事。威廉·汤姆森（William Thomson）和彼得·泰特（Peter Tait）是麦克斯韦成年后的好

友，他们当教授时比麦克斯韦还年轻——汤姆森年仅 22 岁就成为格拉斯哥大学的物理学教授，而泰特在 23 岁时就成为了贝尔法斯特皇后学院的数学教授。

与法拉第不同，麦克斯韦有着优越的成长环境：他在自家的乡间庄园长大，上的是最好的大学。后来他继承了庄园，他本可以把时间都花在经营上，当个富豪。但他对事物的运作原理十分痴迷，不能自拔。而此后的事实也证明，他对数学与现实世界之间的关系有着出乎本能的把握力。

麦克斯韦在他的科研生涯中对许多事物都感兴趣。当时，最广为人知的是他在统计力学方面的研究，例如，他展示了如何利用许多分子的联合作用来预测气体的运动，为我们理解第三日中发现的热力学第二定律做出了贡献。但从现在看，毫无疑问，使麦克斯韦成为杰出物理学家的，是他在电磁学方面的研究。

麦克斯韦关于电磁学的第一篇论文写于 1855 年底，发表于 1856 年。在这篇论文中，麦克斯韦明确指出了他的概念的来源——这篇论文的标题是《论法拉第力线》。在论文中，麦克斯韦说："为了在不采用物理理论的情况下获得物理观念，我们必须让自己熟悉物理类比的存在。"他的意思是，因为物理定律之间似乎经常有相似之处，所以如果有什么不理解的东西，我们至少可以根据已知的东西来分步地解释它。

建立模型

麦克斯韦的"物理类比"从某种意义上说是现代所说的建立模型这个步骤。科学意义上的建模通常是构建现实的简化版本。最初，这种模型通常是实际的物理对象。例如，麦克斯韦自己建立了一个模型来帮助理解土星环各组成部分之间的相互作用。然而，麦克斯韦用作类比的是对其他已知系统（如流体流动或机械结构）的理论描述，他认为这些系统的行为与所研究的领域类似。

麦克斯韦最大的突破在于他认识到，这些数学模型不必基于任何已知的物理状况。自麦克斯韦以来，现代物理学家不断尝试通过建立数学体系，生成与自然界中发生的情况相对应的数学模型，从而更好地理解周围的世界。

在 1856 年的论文中，麦克斯韦使用了这样的比喻：电就像流经多孔物质的流体，而磁就像流体中形成的漩涡。流体的流动与法拉第的力线相对应。（我们从那个时期继承下来的术语，仍然倾向于把电当作流体流动来描述，例如"电流"等词，而早期电子产品中使用的真空管在英国曾被称为"阀门"。）

第一个模型取得了一定的成功——它与电和磁的一些行为相吻合。但麦克斯韦很清楚，他并不打算将电看作是热质的等效物。没有任何迹象表明存在真正的电的流体。他评论说："我甚至认为（流体的类比）不包含真正物理理论的影子；事实上，作为临时研究工具，类比的主要优点是，即使在表面上，它也不能说明任何问题。"麦克斯韦的模型取得一定成功后，他把这个问题搁置了一段时间，但他在 1861 年又提出了一个更有力的类比。

麦克斯韦奇妙的机械模型：1861 年的那一天

从《论法拉第力线》（*On Faraday's Lines of Force*）到 1861 年发表的论文《论物理力线》（*On Physical Lines of Force*）（这两篇论文的标题十分相似，导致有些人在引用的时候经常混淆），麦克斯韦转向了电磁力学模型。流体模型是有限的，因为它只适用于静止的场，这在考虑发电机和电动机等电力的实际应用时是极其受限的。

跟上一个类比一样，这是一个基于机械物体类比行为的科学模型。最初，麦克斯韦利用球体在旋转时会膨胀的原理建立了一个模型，之后他又建立了一个较为优雅的模型，其中包括一系列旋转的六边形单元，每个单元周围都有大量的小物体，就像支撑旋转接头的滚珠轴承一样，如图 4.1 所示。他把这些单元称为"旋涡"，把滚珠轴承称为"空转轮"（惰轮）。

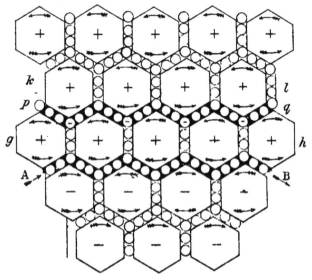

图 4.1　麦克斯韦的电磁力学模型

当施加电流时，滚珠轴承开始流过系统，这代表电流，这会导致六边形单元旋转——这种旋转代表电流产生的磁场。这个模型在类比中加入了重要的感应机制，因为当电流接通或断开时，滚珠轴承和旋转的六边形单元之间的反应会在第二层滚珠轴承中产生暂时的流动。

尽管这仍然是一个类比，但麦克斯韦认为这个模型更接近现实。当时，人们普遍认为所有空间都充满了一种叫作"发光以太"（luminiferous aether）的物质。"aether"是以前的拼法，现在一般拼作"ether"。不过"ether"的另一个意思是"乙醚"，是一种有机化合物，早期曾被用作麻醉剂。

人们之所以认为存在以太，是因为人们知道光是一种波，而所有其他种类的波都是穿过某种介质的干扰波。但是，光穿越的是真空空间，似乎暗示在空间里还有其他未知的东西，而光可以在其中产生波。麦克斯韦怀疑磁效应也包括以太中的涡旋（vortices），因此他认为这个模型比他提出的流体模型更接近现实。

他对自己模型中的电学部分则不太确定。他评论道："质点的运动通过完美的滚动接触与旋涡的运动相联系，这一概念可能显得有些突兀。我并不是把它作为一种存在于自然界中的连接模式提出的……"尽管如此，这个模型的解释性很好，所以他怀疑自然界中有某种东西确实可以表现为滚珠轴承。

电磁学和光

麦克斯韦电磁学研究的两个关键方面是在他的论文（或者严格地说，是他的三篇论文，因为他的研究是分为三个部分发表的）发表后不久出现的。为了解决他的模型中尚未解决的电磁学行为的一个方面，麦克斯韦尝试使六边形单元具有一定的弹性，这意味着可以扭曲和收缩，这使他能够给模型添加两个相反电荷之间发生的静电吸引效应。

虽然这并不是麦克斯韦的本意，但加入这一额外功能却产生了令人匪夷所思的意义。如果某种材料有弹性，那么波就有可能通过它传播。你不可能让波穿过完全刚性的东西，因为波的本质就是在介质中振荡传播。实际上，在他更新的模型中，一层滚珠轴承的抽动会扭曲相邻的单元，而相邻的单元又会抽动下一层滚珠轴承，以此类推。考虑到模型所代表的内容，这意味着变化的电场会产生变化的磁场，变化的磁场又会产生变化的电场，如此循环。

不再需要以太

麦克斯韦认为，电磁波只需要以太即可在真空中传播。但实际上，他步子迈得还不够大。麦克斯韦的偶像迈克尔·法拉第早在 1846 年，也就是麦克斯韦 15 岁的时候就提出，电磁波在场内传播时不需要以太的存在。法拉第说："因此，我大胆提出的观点认为，辐射是力线中的一种高频振动，众所周知，力线将粒子和大量物质连接在一起。它试图否定以太的存在，而又不会消除振动。"

事实证明，法拉第的观点是完全正确的。美国物理学家阿尔伯特·迈克尔逊（Albert Michelson）和爱德华·莫雷

（Edward Morley）从 1887 年开始进行了一系列实验（详见"第六日"的相关内容），但是无法探测到地球在以太中运动所产生的任何影响，而如果存在以太的话，按说就应该存在他们所预料的影响。到了 20 世纪初，爱因斯坦进一步证明，以太这一概念无法得到合理的支持。

有一种波符合麦克斯韦的电磁波理论，能够在真空空间中传播：光。当年法拉第对这种波只能进行推测，而麦克斯韦却多了一件武器，那就是数学。他的模型使他能够计算出这种波若要存在必须达到的速度。麦克斯韦计算出光波的速度为每秒 193 088 英里[1]。他怀疑这大约就是光的实际速度，但他遇到了一个现代的物理学家绝对不会遇到的问题。他当时正在苏格兰的家中度暑假，远离伦敦大学的图书馆和他的笔记本。他没有办法查到当时对光速的最佳测量值。

直到几个月后回到伦敦，麦克斯韦才得以查阅相关数据，并发现他对电磁波速度的估计与当时测量的光速相差不到 1.5%。第二年，他扩展了 1861 年的论文，将其背后的机制（即位移电流）和他的模型对电磁波蕴含的意义囊括在内。

麦克斯韦在 1864 年完成的第二项研究，是从机械模型转

---

[1]　1 英里 =1.61 千米。

向完全数学化的模型。这是一种新的思维方式：当时许多伟大的物理学家面对麦克斯韦的纯数学观点，都难以接受，因为在麦克斯韦的观点中没有现实世界的类比，只是用数学方程的形式来表示正在发生的事情。麦克斯韦将其比喻为教堂里的一组钟，人在下面看不见这些钟，但是能听到钟声。敲钟人看到的也只是一组绳索。在不知道钟室天花板发生了什么的情况下，可以用数学公式来描述绳索的运动。在这种情况下，虽然没有任何描述钟声行为的模型，但用数学来描述绳索也就够了。

麦克斯韦提出了一系列方程式，这些方程式在数学上概括了电和磁的各种特征。1884 年，英国的数学家、电气工程师和物理学家奥利弗·赫维赛德（Oliver Heaviside）将其中最核心的 12 个方程合并并简化为 4 个看似简单但功能强大的方程，简称为麦克斯韦方程。

麦克斯韦其人

单看麦克斯韦的生平，我们会觉得他很容易会变成一个业余科学家：什么都想试一试，却什么都干不好，无法在任何领域取得重大成就。他很早就对科学产生了浓厚的兴趣，部分灵感来自他家周围的野外景观。小时候，他经常问："这东西是怎么工作的？""这是怎么回事？"他建了一个家庭实验室，经常利用手头的材料做实验。在继承了家族的庄园后，他并没有甘于去做个庄园主，而是在短暂的余生中继续自己的学术生涯。

虽然麦克斯韦的成长环境优越，但父母允许他与当地的农家子弟走得近，这也激发了他对出身贫寒者的教育事业的热情并保持终生：他在每一所大学任职期间，都参与了工人学院的教育计划。

麦克斯韦在数学上具有远见卓识，在科学工作中能够取得意想不到的飞跃——他似乎很少将研究工作和家庭生活分开。他一生给科学界的朋友写过数千封信，有的信谈的是社会话题，有的则是最新的物理学探索，主题经常发生跳跃。在他到卡文迪许实验室工作之前，他工作过的大学里的实验设施非常有限，因此他在妻子凯瑟琳的帮助下，在家里做了大量的实验工作。

虽然科研是麦克斯韦生活的重心，但如果大家以为他只知道埋头工作，那就太不了解他了。起初他不善社交，但凭借其特有的幽默感，他跟很多人建立了深厚的友谊。他的书信中总是有各种笑话，甚至在谈论严肃话题的时候，他也忍不住插科打诨。例如，在给朋友威廉·汤姆森（后来的开尔文勋爵）的信中，麦克斯韦列举了他希望为卡文迪许实验室提供的设施，其中特别提到用"一台燃气发动机（如果我们能弄到手的话）来驱动仪器，如果弄不到，就把大学里训练有素的划船桨手招来当机器使，根据实验的性质分成四组，每组两人，或分两组，每组四人。"

麦克斯韦还热爱写诗，他的诗歌创作灵感有的来自学生时代乏味的习题，有的来自对妻子凯瑟琳的感情，还有的是关于当时的科学发展。麦克斯韦并不是一个故步自封的、纸片似的维多利亚时代的人，是一个心智全面发展的个体。

改变生活的发明

电磁装置

虽然法拉第和他同时代的人使电动机和发电机等基本电磁设备成为可能，但有了麦克斯韦的电磁学理论基础，才有可能研制我们现代社会所依赖的各种电气和电子设备。

无线电

在麦克斯韦去世后不久，德国科学家海因里希·赫兹（Heinrich Hertz）就证明了无线电是电磁波谱中的一种，而且其作用特性跟麦克斯韦预言的毫无二致。人们对电磁波的认识不断深入，对电磁频谱的应用也更加广泛，例如高能 X 射线或无线电频谱高频端的辐射（后来被称为微波）。

移动电话

可以说，移动电话是麦克斯韦科学遗产的集大成者，它将大量电子元件与对电磁波的应用结合在一起。

爱因斯坦的灵感

麦克斯韦的研究对于爱因斯坦来说，虽然没有直接的实际用途，却给他带来了灵感，并由此改变了爱因斯坦的一生。麦克斯韦发现光速是固定值，这是爱因斯坦提出狭义相对论的关键。爱因斯坦在他的书房墙上挂着麦克斯韦的照片，并将麦克斯韦用数学的方法对场进行描述这一突破称赞为"自牛顿时代以来物理学经历的最深刻、最富有成果的变革"。

第五日

DAY 5

1898 年 12 月 26 日，
玛丽·居里——发表论文《论沥青
铀矿中含有一种放射性很强的新
物质》

玛丽·居里是第一位获得两项诺贝尔奖的女性，在那个性别平等概念尚不存在的时代，她的成就更加令人瞩目。她先是与丈夫合作研究，在她丈夫去世后仍独自一人坚持研究。她的科研工作使放射性从一个晦涩难懂的奇妙现象变成了人们能理解的既有用又危险的东西。最终，她本人也因接触放射性物质和 X 射线而染病去世。居里夫人发现了放射性元素钋，这一发现意义重大，但她在 1898 年发表的开创性论文涉及的是更为重要的元素镭的发现。虽然 X 射线不是居里夫人发现的，但她的研究帮助人们将 X 射线广泛应用于医疗领域。

1898 年

1898 年，在美国，多个区合并为现代的纽约市。在英国，出现了人类历史上在公路上因车祸丧生的第一个人。美国和西班牙之间爆发了一场短暂的战争，导致古巴独立，西班牙也失去了在美洲的领土。伦敦大学学院发现了氪元素。英国开始租借香港 99 年。美国吞并夏威夷。这一年出生的名人包括英国歌手兼演员格蕾西·菲尔兹（Gracie Fields）、德国剧作家贝托尔特·布莱希特（Bertolt Brecht）、匈牙利物理学家利奥·西拉德（Leó Szilárd）、瑞士物理学家弗里茨·兹威基（Fritz Zwicky）、意大利车手兼汽车制造商恩佐·法拉利（Enzo

Ferrari）、以色列总理果尔达·梅厄（Golda Meir，梅厄夫人）、荷兰艺术家埃舍尔（M.C. Escher）、英国雕塑家亨利·摩尔（Henry Moore）、美国作曲家乔治·格什温（George Gershwin）、比利时艺术家勒内·马格里特（René Magritte）和北爱尔兰作家 C.S. 刘易斯（C.S. Lewis）。这一年逝世的名人有英国作家刘易斯·卡罗尔（Lewis Carroll）、英国艺术家奥伯利·比亚兹莱（Aubrey Beardsley）、法国象征主义画家古斯塔夫·莫罗（Gustave Moreau）、英国首相威廉·格莱斯顿（William Gladstone）和德国总理奥托·冯·俾斯麦（Otto von Bismarck）。

居里夫人简介

玛丽·居里

- 物理学家和化学家
- 科学遗产：放射性元素、放射性和 X 射线在医学上的应用

1867 年 11 月 7 日出生于波兰华沙，原名玛丽亚·斯克沃多夫斯卡（Maria Salomea Skłodowska）

教育经历：巴黎大学

1895 年，与皮埃尔·居里（Pierre Curie）结婚

1903 年，获诺贝尔物理学奖

1906 年，成为索邦大学首位女教授

1909 年，创建镭研究所（现居里研究所）

1911 年，获诺贝尔化学奖

1934 年 7 月 4 日，逝世于法国帕西，享年 66 岁

1944 年，发现第 96 号元素，1949 年以居里夫妇的名字命名为"锔"

奇异的能量

1895 年，德国科学家威廉·伦琴（Wilhelm Röntgen）一直在试验阴极射线管，这是一种部分真空的密封玻璃管，当电流流经管子内部两块金属板之间时，会产生奇异的光芒。英国物理学家威廉·克鲁克斯（William Crookes）在早期研究阴极射线管时注意到，在某些情况下，放在阴极射线管附近的照相底片会像暴露在光线下一样发生起雾的效果，尽管这些底片一

直存放在不透明的容器中。

伦琴意外地发现，从射线击中金属电极的地方，似乎有某种形式的射线从电子管中射出，与"阴极射线"（我们现在知道这是一种电子流）的流向垂直。这些射线穿过了伦琴用来遮挡电子管一侧的黑色纸板，就像纸板根本不存在一样。射线使伦琴存放在仪器旁的一块照相底板蒙上了一层雾，而这块照相底板的存放显然是安全遮光的。伦琴很快就发现，这些射线能够穿过肌肉，在照相底板上显示出肌肉包裹骨头的影子。他把这些神秘的新射线称为 X 射线。

第二年，即 1896 年，法国物理学家亨利·贝克勒尔（Henri Becquerel）也有了类似的意外发现。他曾把一罐铀盐放在一个遮盖了东西的照相底板上。后来使用照相底板时，他发现照相底板上位于盐罐下方的部分已经变黑。看来，这种化合物能发出一种与 X 射线相似的辐射，而且比 X 射线更强。然而，与阴极射线管发出射线的机制不同的是，无须向这个系统中输入电能，它就能发出这种射线。铀盐似乎能够自发产生能量，乍一看是打破了热力学第一定律。这种现象后来被称为"放射性"。

同年，时任剑桥大学卡文迪许实验室主任的英国物理学家约瑟夫·约翰·汤姆森（Joseph John Thomson）聘请年轻的新西兰助手欧内斯特·卢瑟福（Ernest Rutherford）研究放射性的本质。卢瑟福兴奋地写信给当时还在新西兰的未婚妻玛丽："如果某天早上你读到电报，说你的心上人发现了六种新元素，请不要感到惊讶。"继贝克勒尔的发现之后，卢瑟福着手研究铀的放射性。

当时，人们认为放射性是一种单一的辐射，但卢瑟福很快就证明，它具有不同的独立成分。铀射线的一部分会被超薄的金属箔阻挡，而另一部分射线则可以穿过金属箔，就像金属箔不存在一样。1899 年，卢瑟福将穿透力较弱的射线称为阿尔法（α）射线，将穿透力较强的射线称为贝塔（β）射线。很快他还证明，这些"射线"是由带电粒子流组成的，因为它们的路径可以被电场和磁场偏转。

异乡之异客

就在伦琴发现 X 射线的同一年，年轻的玛丽亚·斯克沃多夫斯卡移民到巴黎，和未婚夫皮埃尔·居里结婚。斯克沃多夫斯卡曾在索邦大学学习，从事磁学研究。但到了 1897 年，为了获得博士学位，斯克沃多夫斯卡（以下我们就尽量使用大家熟悉的称谓"居里夫人"来称呼她）决定研究当时被称为"贝克勒尔射线"或"铀射线"的现象。她攻读博士学位的主要目的是对这些射线所携带的能量进行精确测量。然而，在读博士期间，居里夫人更进一步，她检测了其他元素的放射线，包括金和铜。

在尝试探测 13 种不同元素后，她仍然没有找到任何射线。进行检测的时候，要用到一对金属板，其中一个金属板上涂有薄薄一层被研究的物质。当在这块金属板上施加电压时，如果物质发出"铀射线"，金属板之间的空气间隙就会产生电流。这是因为铀射线能使空气发生电离，从空气原子中剥离电子，使其成为带电的离子，从而可以导电。电流的大小表明了所产生的能量的强度。

虽然最初的实验失败了，可是居里夫人突发奇想，转而研究铀的原始来源——一种名为沥青铀矿的黑色矿物。多年来，人们一直在靠近德国和捷克边境的约阿希姆斯塔尔（Joachimsthal）开采这种物质。早在 1789 年，一位名叫马丁·克拉普罗特（Martin Klaproth）的德国化学家就从沥青铀矿中提取出了一种灰色金属。几百年来，人们一直用这种金属作为黄色玻璃着色剂和陶器的釉料成分，效果非常好。克拉普罗特根据威廉·赫歇尔（William Herschel）8 年前发现的天王星的名字"Uranus"将其命名为"Uranium"（铀）。

居里夫人为何要检测沥青铀矿，此中的缘由很难说清楚，不过，由于沥青铀矿中产生射线的物质较少，因此她预计沥青铀矿的辐射水平会大大低于等量的铀。然而，实际情况恰恰相反。沥青铀矿以"铀射线"形式释放的能量大约是铀本身的三倍。这太离奇了，就好像将某物稀释后，其性能反而变得更强了。居里夫人怀疑检测出了错，于是重新检测，并将其与另一种矿物易解石进行了比较。不仅沥青铀矿释放出的能量确定无疑地高于提取出来的铀，含有钍但不含任何铀的易解石也是如此。

看来在沥青铀矿中，除了铀之外，还有其他物质在释放这类高能射线。钍也能释放，但沥青铀矿中并不含有大量的钍。矿石中的成分很复杂，此前从未有人对其进行过全面分析。这种矿石里面似乎还有比铀和钍更高能量的东西。此时，居里夫人的丈夫皮埃尔申请索邦大学教授职位遭拒，于是专注于帮助她的研究。居里夫妇继续尝试不同的物质，最终发现了一种含铀矿物，称为铜铀云母（英文中曾叫作 chalcolite，但现在更多称作 torbernite 或 copper uranite）。它是一种铜/铀磷酸盐，主要分布在花岗岩地区。与沥青铀矿一样，铜铀云母释放出的铀射线能量约为纯铀的两倍，但它的构成比沥青铀矿简单得多。

居里夫妇此时能够制造出一种合成的铜铀云母，事实证明它的放射性比真正的铜铀云母低，这表明天然铜铀云母（以及沥青铀矿）含有一种比铀能量更高的未知物质。居里夫人将她的发现写成了题为《铀和钍化合物发出的射线》

（*Rayons Emis par les Composes de L'Uranium et du Thorium*）的论文，并于 1898 年 4 月 12 日在法兰西科学院宣读。当时居里夫妇都不是科学院院士，这意味着他们无法亲自发言，但居里夫人以前的老师加布里埃尔·李普曼（Gabriel Lippmann）可以代表她发言。

居里夫人指出，沥青铀矿和铜铀云母比铀本身更具放射性。"这一现象极其突出，表明这些矿物中可能含有比铀更具放射性的元素。"论文最后，居里夫人总结道："为了解释铀和钍的自发辐射，我们可以想象，所有空间都不断有类似于伦琴射线的射线穿过，但穿透力更强，而且除了铀和钍等某些原子量高的元素外，其他元素无法吸收这种射线。"

这一发现为居里夫妇赢得诺贝尔物理学奖奠定了基础。

"放射性"的得名

法兰西科学院对新元素的兴趣不大，但居里夫人确信这里面有研究某种新东西的机会。她感到自己受到了轻视，因为当时帮助他们，为他们提供研究资助的公认的铀射线专家贝克勒尔往往绕过她，只与她丈夫皮埃尔联系。这种对立的环境很可能是促使居里夫人坚持不懈地完成这项漫长而艰苦的研究工作的部分原因。

在皮埃尔的帮助下，她磨碎了100克沥青铀矿，并对其进行化学处理，试图分离出其中的不同成分，然后对每份矿粉进行测试，将铀射线能量较高的矿粉转入下一步处理。两周后，居里夫妇得到了一种似乎是新的放射性物质的样品。然而，这种混合物并没有产生未知的光谱线。

光谱学

19世纪初，一些科学家注意到，太阳光的光谱（太阳光通过棱镜时产生的彩色光带）中含有暗线，暗线是某种特定的颜色被吸收从而缺失造成的。德国物理学家约瑟夫·冯·夫琅和费（Joseph von Fraunhofer）发明了分光镜，这是一种产生和放大光谱的装置，便于人们研究光谱中的暗线。他发现其他恒星的光谱中也有暗线，但与太阳产生暗线的位置不同。

19世纪50年代，德国物理学家古斯塔夫·基尔霍夫（Gustav Kirchhoff）和罗伯特·本生（Robert Bunsen）发现，加热不同元素，辉光中会产生亮色光谱线。[本生的助手彼得·德萨加（Peter Desaga）在迈克尔·法拉第的设计基础上进行了改进，将其产品命名为本生灯（Bunsen burner），这种装置如今在学校实验室中很常见。]基尔霍夫和本生意识到，这些亮线正好与太阳光谱中一些暗线的位置相对应。如果一种元素在加热时会发出一种特定的颜色，那么当大气层中存在这种元素时，光线穿过大气层，这种颜色就会被吸收。

光谱学后来成为——现在仍然是，只不过变得更复杂了——识别元素的标准机制。例如，英国天文学家诺曼·洛克耶（Norman Lockyer）在太阳光光谱中首次发现了氦元素。因此，如果从沥青铀矿中提取的样品中含有未知元素，居里夫人希望能看到它在加热时产生新的谱线。

居里夫人仍然坚信沥青铀矿中蕴藏着某种有待发现的物质，她向皮埃尔以前工作过的巴黎市工业物理化学学院的古斯塔夫·贝蒙（Gustave Bémont）寻求帮助。贝蒙拥有更好的设备，帮他们从沥青铀矿中分离出了一种高放射性物质。接下来，居里夫妇接手，两人同步工作，各自都制备出了提纯的放射性物质样品，但他们各自得到的样品电离后产生的电流数字却不一样。他们由此推断，沥青铀矿中可能至少含有两种新元素。

居里夫妇向光谱学专家欧仁·德马赛（Eugène Demarçay）寻求帮助，但似乎他们制备的物质并不成功，没有看到新的光谱线。即便如此，居里夫妇仍对他们的发现保持乐观。1898年7月13日，皮埃尔在他的笔记本中写道，他们相信自己找到了一种新元素，他将其称为"Po"——借用居里夫人的祖国波兰的名字开头的拼写，命名为"钋"（polonium）。尽管居里夫人对贝克勒尔无视女性的态度有意见，但这次还是请他代表他们夫妇二人向法兰西科学院提交了一篇论文。

论文指出，尽管他们还没有将这种放射性物质分离到足以检测出其光谱的程度，但已经证明它的放射性是铀的 400倍。居里夫妇指出："因此我们相信，我们从沥青铀矿中提取的物质含有一种前所未闻的金属，其分析特性类似于铋。如果这种金属的存在得到证实，我们建议用我们其中一人的祖国的名字把它命名为'钋'。"

这篇论文的标题是《论沥青铀矿中一种放射性新物质》（*Sur une Nouvelle Substance Radio·active, Contenue dans la Pechblende*）。居里夫人在写这篇论文时，使用了"放射性"（radio-activity）这个术语来描述这种现象，这个术语一直沿用至今（不过人们很快就去掉了两个词之间的连字符）。"放射性"这个术语很快就把"铀射线"和"贝克勒尔射线"等名词挤出了科学词典。这个词中的"radio"指的并不是现代社会中使用的无线电收音机等物品，其词源是拉丁语的"radius"，意为"射线"。

镭横空出世：1898 年的那一天

巴黎学术界的人一到夏天，往往离开巴黎相当长的一段时间去度假（俗称"大假期"）。假期过后，到了 11 月，居里夫妇在沥青铀矿中更精确地分离出了另一种放射性物质，其能量约为铀的 900 倍。再一次，居里夫妇在化学方面得到了贝蒙的帮助，在光谱学方面得到了德马赛的帮助。几个月的艰苦工作后，他们终于获得了新的光谱线。到 12 月，皮埃尔在他的笔记本中又记下了一个新名词"镭"（radium），这个词来源于"放射性"一词。

严格说来，此时居里夫人还不能完全分离出这种元素。她制备的物质并不纯净，居里夫妇无法将这种物质（其中大部分是钡）的原子量和纯金属钡区分开。不过，结果已经足够明确，因此居里夫妇与贝蒙共同撰写并发表了一篇具有里程碑意义的论文：《论沥青铀矿中含有一种放射性很强的新物质》（*Sur une Nouvelle Substance Fortement Radio·active, Contenue dans la Pechblende*）。1898 年圣诞节的第二天，贝克勒尔再次代表居里夫妇在法兰西科学院宣读了这篇论文。

论文一开始就提到了钋，但接着描述了"第二种强放射性物质，其化学性质与第一种完全不同"。虽然居里夫妇此时尚未能分离出镭，但他俩有充分的理由认为他们发现了一种新元素，而这种元素正是之前他们所检测到的出现放射性的原因。

他们是这么叙述的："德马赛在光谱中发现了一条似乎不

属于任何其他已知元素的线。在使用放射性比铀高 60 倍的
此种物质的氯化物时，这条线几乎不可见，但在通过分馏、
富集到放射性比铀高 900 倍的氯化物时，这条线就变得非
常明显。因此，这条光谱线的强度与放射性同时增加，我们
认为这是我们制备的物质具有超强放射性的一个非常重要的
原因。"

除了发现镭，居里夫妇还暗示这种物质的行为似乎打破
了热力学第一定律。他们指出，这种物质发出的射线就像 X
射线一样，能使荧光物质氰亚铂酸钡发光（只不过他们制备的
镭的量很少，所以荧光效果很弱）。论文的结论是："这样就得
到了一个光源，虽然事实上它的光非常微弱，但它在没有任何
能量源的情况下也能工作。这与卡诺原理是矛盾的，至少看起
来是矛盾的。"

放射性能量的来源

居里夫妇提出了一个惊人的说法，即放射性似乎与"卡
诺原理"相矛盾，而"卡诺原理"，我们现在称为热力学第
一定律或能量守恒定律，是物理学的基本定律之一。如上所
述，欧内斯特·卢瑟福提出了阿尔法射线和贝塔射线这两个术
语。20 世纪初，他在加拿大与英国化学家弗雷德里克·索迪

（Frederick Soddy）合作，提出了放射性衰变理论，即原子释放粒子并发生嬗变①，会使元素转化为其它元素。

之后，卢瑟福来到曼彻斯特大学，与欧内斯特·马斯登（Ernest Marsden）和汉斯·盖革（Hans Geiger）一起证明了原子具有致密的、带正电荷的原子核。这种结构解释了阿尔法和贝塔射线的来源。与此同时，爱因斯坦证明了物质和能量是可以相互转换的。这就有可能解释辐射能量的来源，从而避免质疑能量守恒定律。

如果物质可以转化为能量，那么，即使原子中的物质含量微乎其微，也能释放出相当大的能量，看上去似乎是无中生有的。所以说，真正守恒的并不是能量，而是物质和能量的总和。

居里夫妇将能量守恒这一概念归功于他们的同胞卡诺，这一说法略显不准确（正如我们在"第三日"中所看到的，卡诺的观察结果只涉及热量，后来克劳修斯的研究才将这一概念扩展到能量）。不过这一点我们暂且不论，还是先回到这篇论文。这篇论文为居里夫妇未来的研究指明了方向。皮埃尔专注于这一现象背后的物理学，而居里夫人则负责制备她发现的镭和钋的提纯样品。

---

① 嬗变：指蜕变、更替。文中指一种元素通过核反应转化为另一种元素或者一种核素转变为另一种核素。——编者注

在此之前，居里夫人一直使用实验室里数量极少的沥青铀矿，制备的提纯物质太少，无法真正分离出镭。现在，她将独立处理近乎工业化量级的规模，每次处理约 20 千克沥青铀矿，总共要处理几吨这种物质。这项工作在索邦大学分配给他们的一间巨大而陈旧的解剖实验室里进行，环境非常艰苦，尤其是到了冬天，厂房里冰冷刺骨。居里夫人后来说："车间里堆满了装满沉淀物和液体的大容器。搬动容器，转移液体，用铁棒搅拌铸铁盆中的沸腾物质，每次都要花上好几个小时，所有这些工作让人疲劳至极。"

到 1902 年，居里夫人宣布她分离出了 0.1 克的氯化镭。

镭狂热

居里夫妇，以及其他不少人，一直对高浓度的镭盐在黑暗中发光感到着迷。居里夫妇会在傍晚到实验室去看那幽幽的蓝光，他们还把一个盛有镭盐的罐子放在床边，并把样品寄给其他科学家。正是在这一时期，他们开始注意到，镭可能对人造成伤害，比如如果长时间贴近皮肤，就会灼伤皮肤。

尽管镭的危险性在早期已经有了这些表现，当时世人还是把镭当作一种神奇的材料，认为镭自发的光芒表明它能够为接触它的人提供健康的能量。镭还被用于制作药物。带有轻微放射性水的天然温泉很快被重新命名为镭温泉。英国连锁药店 Boots 出售标有 "Spa Radium" 字样的特制苏打水虹吸喷雾瓶，材质里含有极少量的镭，这样在加入苏打水后，镭辐射产生的气体就会对水产生辐照（如图 5.1 所示）。

人们对镭的热情极为高涨，许多完全不含任何放射性物质的产品，也宣称含有镭，仅是为了迎合消费者的热情。可以说，当年这些误导性产品的购买者反而很幸运。其他人则在不知情的情况下冒了更大的风险。例如，人们曾将镭盐与荧光化合物结合在一起，缝在表演者的服装里，形成夜光奇观，而这肯定会给表演者带来伤害。

据描述，在美国的一个演出中，"八十名舞者在一片漆黑的剧场中悄无声息地跳舞，虽然看不见人，但由于他们服装上装饰有放射性的混合物，所以身上会闪闪发光"。毫无疑问，这些舞者是冒着被辐射的危险，但这些表演者所面对的风险，与那些制造发光表盘的工人所面临的风险相比，简直是小巫见大巫。

在美国生产夜光表盘的工厂工作的女工被告知，她们使用的镭基放射性颜料是无害的，并且建议她们，要想在表针上涂得更精确，可以用舌头舔一下来让笔尖聚拢。许多工人后来患上了"镭颚"，口腔出现灼伤、出血，甚至患上了骨癌。

好在，放射性的危险性在日后变成了人们的常识。居里

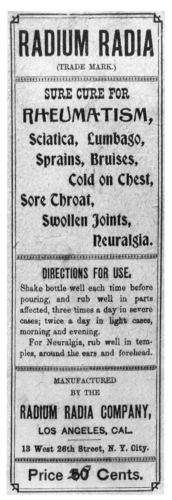

图 5.1　Radium Radia，当年含有或声称含有镭的药方

夫妇的论文不仅揭示了一种新元素，也开启了对放射性的研究，这给人类带来了核武器和原子能，以及对原子及其原子核性质的更全面了解。

　　玛丽·居里在 66 岁时死于再生障碍性贫血症，人们普遍认为是因为她过多地接触了放射性物质。毫无疑问，她的工作要与放射性物质打交道，增加了她罹患这种疾病的风险，但现在人们认为，更大的诱因是她长期与 X 射线打交道，而当时人们对放射技师进行屏蔽防护的必要性还不甚了解。

居里夫人其人

　　玛丽亚·斯克沃多夫斯卡出身于华沙的一个中产阶级家庭，共有兄弟姐妹五人，她是最小的一个。她的父亲瓦迪斯瓦夫（Władysław）是一名教师，教授科学课，而玛丽亚从小就被科学问题吸引。当时，华沙大学不招收女生，于是她和姐姐布罗妮娅去法国申请上巴黎索邦大学。

　　起初，玛丽亚在波兰担任家庭教师，供姐姐读书，直到她姐姐完成学业。玛丽亚随后也到了巴黎，并把名字改成了法国人更习惯的玛丽。在巴黎学习期间，她与姐姐一起生活了半年。当时，玛丽是理学院仅有的 23 名女性之一。她本打算在完成学业后立即返回波兰，但她的学业非常优秀，获得了奖学金，并且可以留在索邦大学继续学业。

　　正是在这一时期，当她在寻找合适的实验室空间时，遇到了皮埃尔·居里。皮埃尔向她求婚，由于在此前的一段感情中刚受到伤害，玛丽觉得还是搬回华沙比较好，皮埃尔听闻，马上提出他愿意为了她离开法国去波兰。皮埃尔的真诚让她决定留在巴黎跟他结婚。

婚后居里夫人育有两个孩子：伊雷娜（Irène，后来也获得了诺贝尔化学奖）和伊芙（Ève），后者成了一名记者和钢琴家。1906 年，皮埃尔在一次街头马车事故中丧生，居里夫人平静的家庭生活被打破。居里夫人接替了皮埃尔的教授职位，成为索邦大学的第一位女教授。

1909 年，居里夫人开始筹建镭研究所，研究所于 1914 年投入使用。在索邦大学和巴斯德研究所的资助下，该研究所拥有两个实验室，专门研究放射性元素和放射性在医学上的应用。1922 年，一家医院率先采用放射性治疗，在全世界开创了将放射性应用于医学治疗的先河。1970 年，该机构更名为居里研究所。

居里夫人在与皮埃尔和贝克勒尔于 1903 年共同获得了诺贝尔物理学奖之后，又在 1911 年获得了诺贝尔化学奖，"以表彰她通过发现镭和钋元素、分离镭和研究这种非凡元素的性质及化合物，为化学的进步所做的贡献"。居里夫人不仅是第一位获得诺贝尔奖的女性，还是第一位获得两个诺贝尔奖项的人，也是迄今唯一一位获得两个不同科学奖项的人。

第一次世界大战爆发后，居里夫人投身于战争。起初，她的投入只是经济上的——她将第二次诺贝尔奖的奖金投资于法国战争债券，并想将自己的奖章捐献出来熔化出售，但法国银行拒绝了这一提议。不过，她最大的贡献是研制了移动X 射线装置，将设备送到战地医院。起初，她只是负责组织工作，但到了 1916 年，她取得了驾驶执照，开始驾驶放射汽车，并亲自动手给伤员进行透视检查。她共捐助了 18 辆放射汽车，投入战场，总共为 1 万多名士兵提供了服务，并建立了一所培训女放射医师的学校，派出了约 150 名妇女支援医疗工作。此时，她的女儿伊雷娜开始协助她进行组织和培训工作，到 1916 年，伊雷娜也成了一名放射科医生。

毫无疑问，居里夫人是一位杰出的女性，她克服了当时科学界对女性的偏见，在以男性为主导的科学界崭露头角并取得了卓越的成就。这一点在著名的索尔维会议的照片中体现得尤为明显，当时物理学界的所有大人物都参加了这些会议。会议由比利时实业家欧内斯特·索尔维（Ernest Solvay）发起，主要是为了展示他自己的一些奇怪的观点。但与会者都是物理学界的顶尖人物，他们礼貌地听完索尔维的发言后，就会转而讨论各自领域的重大问题。

居里夫人连续参加了 5 次索尔维会议。与会的著名物理学家包括阿尔伯特·爱因斯坦、埃尔温·薛定谔（Erwin Schrödinger）、维尔纳·海森堡（Werner Heisenberg）、沃尔夫冈·泡利（Wolfgang Pauli）、劳伦斯·布拉格（Lawrence Bragg）、保罗·狄拉克（Paul Dirac）、路易·德布罗意（Louis de Broglie）、马克斯·玻恩（Max Born）、尼尔斯·玻尔（Niels Bohr）和马克斯·普朗克（Max Planck）。在这些科学名人之中，只有玛丽·居里一位女性。

改变生活的发明

放射医学（X 射线在医学上的应用）

虽然居里夫人没有参与 X 射线的开发，但她在第一次世界大战期间对放射学的支持，使 X 射线在医学上的应用迅速推广开来。

放射治疗

居里夫人发现了钋和镭，这对医学界利用放射性治疗癌症的研究至关重要。直到 20 世纪 50 年代，镭一直是 X 射线以外的标准医疗放射源。另外，居里夫人参与了镭研究所（现居里研究所）的创建工作，这一贡献的意义也不亚于放射治疗方面的研究。

第六日

DAY 6

1905 年 11 月 21 日，
阿尔伯特·爱因斯坦——发表论文
《物体的惯性同它所含的能量
有关吗？》

爱因斯坦出现在本书中，可能不会让大家感到惊讶。但有可能出乎大家意料的是，他在这一天发表的论文，并不是为他赢得诺贝尔奖的那篇，也不是他关于相对论的最早的那篇论文——这两篇都是在同一年早些时候发表的。我们这里所讨论的这篇简短的论文，探讨了相对论对我们理解能量和物质有何影响，并由此推导出了 $m = L/V^2$ 这个方程，不久之后，这个方程被重新表达作 $E = mc^2$，也就是现如今人们所熟知的形式。这篇论文只有短短三页纸，却蕴含了核能以及原子弹的"种子"——这两种应用，日后都是既令人着迷，又令人恐惧。1905 年是爱因斯坦的"奇迹年"（*annus mirabilis*），借助这篇文章诞生的日子，我们可以一窥爱因斯坦生命中的这一关键时期。

1905 年

科学家都把这一年称作爱因斯坦的"奇迹年"。在这一年里，这位当时尚属业余理论物理学家的年轻人，一口气发表了四篇了不起的论文，其中一篇论述了光电效应，是量子力学的奠基之作，也正是这篇论文后来为他赢得了诺贝尔奖。同一年，在世界其他地区发生的大事有：西伯利亚大铁路开通；俄国第一次革命及第一届杜马（议会）开幕；伦敦切尔西和水晶宫足球俱乐部以及英国汽车协会成立；穿越阿尔卑斯山的辛普朗铁路隧道开通；美国拉斯维加斯建城奠基；加拿大阿尔伯塔省和萨斯喀彻温省成立；挪威从瑞典独立出来；爱尔兰独立党新芬党成立。同样在1905年，诞生了英国作曲家迈克尔·蒂皮特（Michael Tippett）、法国时装设计师克里斯蒂安·迪奥（Christian Dior）、奥地利名人玛丽亚·冯·特拉普（Maria von Trapp）、美国作家艾恩·兰德（Ayn Rand）、美国演员亨利·方达（Henry Fonda）、法国哲学家让-保罗·萨特（Jean-Paul Sartre）、瑞典女演员葛丽泰·嘉宝（Greta Garbo）、意大利作曲家安南齐奥·曼托瓦尼（Annunzio Mantovani）、比利时王后阿斯特丽德（Astrid）和美国百万富翁霍华德·休斯（Howard Hughes）。这一年逝世的名人包括法国作家儒勒·凡尔纳（Jules Verne）和英国演员亨利·欧文（Henry Irving）。

爱因斯坦简介

阿尔伯特·爱因斯坦

- 物理学家

- 科学遗产：狭义相对论和广义相对论、量子物理学、$E = mc^2$、引力波、激光

1879 年 3 月 14 日，出生于德国乌尔姆市

教育经历：苏黎世联邦理工学院（ETH）和苏黎世大学

1902 年，开始在瑞士伯尔尼专利局工作

1903 年，与米列娃·玛丽克（Mileva Marić）结婚

1905 年，发表了一系列"奇迹年"论文，其中包括提出了狭义相对论的论文

1915 年，发表广义相对论

1919 年，与爱尔莎·洛文塔尔（Elsa Löwenthal）结婚

1921 年，获诺贝尔物理学奖

1933 年，移民美国，就职于普林斯顿高等研究院

1955 年，4 月 18 日逝世于美国新泽西州普林斯顿，享年 76 岁

1952 年，科学家发现第 99 号元素，1955 年以爱因斯坦的名字命名为"锿"

以太不存在了

正如我们在"第四日"所看到的，麦克斯韦一直认为，宇宙空间充满了以太，它是光的传播媒介。他写道："在形成关于以太构成的一致概念时，无论我们遇到什么困难，毫无疑问的一点是，行星际以及星际空间绝非虚空，而是被一种物质或物体占据着，这种物质或物体肯定是我们所了解的最大、可能也是最匀质的物体。"然而，恰恰是麦克斯韦本人对电磁波提出的解释，对以太的存在带来了致命一击。其后，美国物理学家阿尔伯特·迈克尔逊和爱德华·莫雷提供的实验证据无意中"支持"了这一理论上的进步（证明了以太并不存在）。

其实，这两位物理学家当初做实验并不是要否定以太的存在，而是要证明它确实存在。此前，我们已经看到，人们曾经认为以太是一种普遍存在的介质，它充盈整个空间，光波能够借助它穿过原本空无一物的真空。如果以太存在，那么地球就是在以太中运动。基于此种认识，迈克尔逊和莫雷相信，在地球上应该可以测量到光速的差异。具体的变化取决于测量的方向，因为只要地球是在以太中运动，那么以太就会对光速产生影响。

他们是 1887 年在如今称作美国凯斯西储大学（Case Western Reserve University）做的实验。实验器械叫作"干涉

119

仪"，这个仪器固定在一块一米见方的石板上。而石板则放置在一个木制圆框上，圆框置于砖砌底座上面的水银槽中。他们的想法是，这个设备在不受任何外界环境振动干扰的同时可以极其缓慢地转动，转一整圈需要整整 6 分钟。

首先，干涉仪将一束光分成两束，然后将每一束在一组反射镜之间来回传送，使两束光以直角向外传输。其次，两束光被重新叠加在一起。当光束重新汇聚在一起时，根据每个波在其周期中的位置，两束光会发生干涉，要么相互加强，要么相互削弱。汇聚后的光束会产生一系列明暗条纹，可以用显微镜观察这些条纹的纹理。

根据实验假设，地球以约 30 千米 / 秒的速度沿着轨道在以太中穿行，这会使光速略有改变，所以人们预计光穿过干涉仪的两臂所需的时间会有细微差别。随着石板旋转，两条路径上的光的相对速度会发生变化，这取决于光束运动方向与地球运动方向是否一致。他们假设的结果是，光的干涉条纹会随着时间的推移发生周期性的变化。

引力波探测

迈克尔逊和莫雷使用的干涉仪最终为观测引力波这一非凡的现象提供了仪器原型。爱因斯坦早在 1916 年就预言存在引力波这种空间和时间的振动，它是由大质量天体之间的相互作用（如黑洞的碰撞）引起并在宇宙中传播的。

在长达几十年的时间里，科学家一直试图探测引力波，但都未能如愿。直到激光干涉引力波天文台（LIGO）建立后，人们终于在 2015 年首次成功地探测到了引力波。LIGO 位于美国，使用两个巨大的干涉仪，每个仪器的"臂膀"长达数千米，二者之间相距数千千米。当引力波抵达这样的干涉仪时，会非常轻微地改变臂的长度，从而产生迈克尔逊－莫雷实验希望探测到的那种光干涉图样的偏移。（导致空间本身在一个方向上拉伸，同时在另一个方向上压缩，两束激光束走过的路程就会产生细微的差异，相位发生交错。）

LIGO 臂膀长度的变化非常微小，比原子还要小。即便如此，它和其他此类天文台已探测到多次引力波事件。

回头再说迈克尔逊和莫雷的实验。与预期相反，二人没有观察到光干涉条纹发生任何变化。旋转实验装置也完全没有导致条纹出现变化。这就带来了一个问题。人们通常说，科学更多的是通过推论和证伪而不是正面证明来实现进步的。我们观察已经发生的事情，对未来会发生的事情做出假设，并检验这些假设。如果假设失败，我们就能推翻某个理论；如果假设屡次预测成功，通过归纳，则认为我们的理论是正确的，除非

有其他相反的证据出现。

不幸的是，迈克尔逊和莫雷所遇到的情形，使证伪极其困难。因为实验者所期望看到的效果（有变化），是在当时的设备所能检测到的范围之内。除非实验者极其小心细致，否则就可能出现这样的情况，那就是虽然完全有可能存在这种效应，但却没有被检测到（就像"第五日"我们说到的居里夫人的实验中，光谱仪最初没有检测到新的光谱线）。不过此时，他们当初耗费巨资，建造如此庞大且稳定的仪器的作用就体现出来了。这个仪器的灵敏度足够高，让他们对得到的结果有信心。的确，他们检测到了微小的变化，而这个变化太微小了，既不能证明这是由于地球穿过以太的运行速度造成的，也不能排除是仪器的误差造成的。在接下来的几年里，他们又进行了多次实验，但仍然没有得到想要的结果。他们没有找到任何证据，能证明以太存在。

至少，对实验结果，他们只能提出以太不存在这样的解释。然而，许多物理学家和麦克斯韦一样，不愿放弃对以太的执念。1889 年，爱尔兰物理学家乔治·菲茨杰拉德（George FitzGerald）提出了一个巧妙的想法，用以解释迈克尔逊和莫雷为何没有发现任何变化。菲茨杰拉德根据电磁力与运动之间的关系，提出运动物体在运动方向上会变短。三年后，荷兰物理学家亨德里克·洛伦兹（Hendrik Lorentz）独立提出了类似的概念。

后来人们将这两个理论合并在一起，称为洛伦兹 – 菲茨杰拉德收缩（鉴于菲茨杰拉德更早提出这一理论，这个命名法有点不公平）。到 1904 年的时候，洛伦兹又对这一理论进行了扩展，但是该理论终归认为运动是发生在静止的以太中的，这一点即将被爱因斯坦推翻。

相对性的思维

一提起爱因斯坦，我们头脑中便会涌现出一个满头白发的老人的形象，知道他是全世界公认的科学天才。然而，在将菲茨杰拉德和洛伦兹的思想推向更高水平，并将以太理论一脚踢开的时候，爱因斯坦还远非我们现在所熟悉的样子。1905年，爱因斯坦 26 岁，尚未取得任何学术职位，只是在瑞士的伯尔尼专利局担任专利审核员，而且只是三级审核员。

1905 年 9 月 26 日，爱因斯坦关于狭义相对论的论文《论动体的电动力学》（ *Zur Elektrodynamik bewegter Körper* ）发表，推导出了与洛伦兹相同的收缩结果，但这只是其成果中微不足道的一小点，更为重要的是，他的论文根本性地改变了我们对空间和时间本质的理解。洛伦兹认为，以太提供了一个静止不动的空间参照系。许多年前，牛顿曾提出"绝对"时间和空间的观点，即万事万物发生在固定的空间之中，这也是洛伦兹的静止的以太概念的基础。但爱因斯坦抛弃了这一概念。在狭义相对论中，没有一个固定的参照系可以用来衡量一切。所有的位置和运动状态都是相对的。空间和时间的测量可以基于任何参照点，无论是静止的还是运动的。每个参照点都具有同等效力。

要实现这种新的观察方式，爱因斯坦所需的只是将麦克斯韦关于光在特定介质中总是以相同速度传播的认识与传统的牛顿力学结合起来。狭义相对论是一个重大突破，不过，即便不是此时由爱因斯坦提出来，后面也会由别人提出来（相比之下，广义相对论更具颠覆性，若不是爱因斯坦，还不知要等到何时人类才会做出这样的突破）。要想从洛伦兹－菲茨杰拉德收缩转向更全面的描述光的行为的相对论，其实只需抛弃以太的观念。

狭义相对论预言了当物体处于所谓的惯性系统（物体不受加速度的影响）时的一系列效应。除了在运动方向上长度收缩，该理论还预测物体的质量会增加，时间的流逝也会变慢（即所谓时间膨胀的概念）。然而，翻译成英语"relativity"之后，相对论这个概念的本质被扭曲了。例如，我们可能很轻易地说运动中的人会经历更慢的时间流逝。但事实并非如此。从"运动"着的人的角度来看，他们自身并没有在运动。他们是静止的，而周围的宇宙却在朝相反的方向运动。

由于没有任何参照系拥有特权，声称自己是纯粹静止的，我们所说的收缩等概念，并不是运动的人经历了长度收缩、质量增加和时间膨胀，而是当别人观察到移动的人在运动时，从观察者的角度来看，运动的人经历了长度收缩、质量增加和时间膨胀。请注意，这并不意味着运动的人只是似乎发生了这些变化。从观察者的角度来看，这些情况确实发生了。

真正的时间机器

有了时间膨胀效应，制造一台可用的时间机器也就变得可能了，只不过，这台机器的作用方式跟科幻小说中经典的时间机器不同。如果一艘宇宙飞船高速离开地球，由于飞船上的时间比地球上的时间（从地球的角度看）走得慢，在飞船飞行一段时间后，飞船上的人就会比留在地球上的人老得慢一些。

最初，这种效应是对称的。对于飞船上的人来说，是地球上的时间流逝更缓慢了，因为在旅行者的参照系中，飞船并没有移动。然而，如果要返航回到地球，飞船就需要承受地球所没有经历的加速度来改变方向。这实际上等于是重置了时钟。因此，在返回到地球的那一刻，太空旅行者将真正穿越到他们的未来。

我们通常看不到这种效应，因为要产生显著的时间膨胀效应，旅行速度必须非常快。迄今为止，人类制造的最好的时间机器是旅行者 1 号，它已经向未来旅行了大约 1.1 秒。但是，要获得更明显的效果，速度必须超过光速的 10%，而这尚无任何可能性。

狭义相对论非常了不起，但刚发表出来的一段时间，人们对它褒贬不一。爱因斯坦后来获得了诺贝尔奖，但不是因为狭义相对论，也不是因为他后来提出的将加速度和重力纳入其中的更为复杂的广义相对论，而是因为他对光电效应的解释。然而，随着时间的推移，狭义相对论被实验反复证明，那些坚持以太观点的人被物理学的发展抛在了后面。

比起牛顿力学，狭义相对论的描述更接近现实，这一点非常重要，然而，只有在高速运动的情况下，狭义相对论与牛顿力学的预言才会出现明显的偏差。就其本身而言，它对日常生活的影响相对较小。但是爱因斯坦在提出狭义相对论之后，并没有止步不前。几个月后，他又发表了一篇非常简短的论文，实际上是对狭义相对论的补充。这篇论文后来产生了巨大的影响。

强有力的补充：1905 年的那一天

这篇题为《物体的惯性同它所含的能量有关吗？》（*Does the Inertia of a Body Depend on its Energy Content?*）的论文是投给《物理年鉴》（德文：*Annalen der Physik*）①的。1905 年 9 月 27 日，该期刊收到了这篇论文，并于同年 11 月 21 日发表，这也是爱因斯坦在奇迹年中所发表的最后一篇论文。我们有必要深入研究这篇论文的细节，这样既能了解爱因斯坦是如何取得该成果的，也能更充分地理解，为何这篇里程碑式的论文表面上这么简单，却能产生如此惊人的影响。

这篇论文一开始就明确指出，该篇论文是在他的狭义相对论论文《论运动物体的电动力学》（*Zur Elektrodynamik bewegter Körper*）的基础上作的研究。爱因斯坦是这么写的："笔者最近在本刊上发表的电动力学研究结果得出了一个非常有趣的结论，本文将对这个结论进行推导。"

接着，爱因斯坦向我们介绍了他的出发点。在早先的那篇论文中，他用到了两个原理，一是光速恒定；二是物理定律不依赖于相对静止的两个物体中的任何一个（即在所有惯性参考系中都是等价的）。根据这两个原理，他推导出了一

---

① 英文 Annals of Physics，是 1799 年即刊行的德国物理学期刊杂志。——编者注

个方程，解释了如果我们相对于光束移动，光束的能量是如何变化的。

这是极为关键的一点。通常，当我们相对于其他正在运动的物体而运动时，从我们的视角来看，该物体的相对速度会发生变化。举例来说，如果我驾驶车辆以 50 千米 / 时的速度跟另一辆车相向行驶，那辆车的速度也是 50 千米 / 时，那么两辆车的相对速度（从任何一个驾驶员的视角来看）就是 100 千米 / 时。然而，如果我驶向或驶离一束光，这束光仍会以与我静止时完全相同的速度向我射来。但是，这并不意味着这其中任何变化都没有。

我们先暂时把光视作一种波。如果我在光波的每个波峰之间向光源靠近，光被挤压，从我的视角看，就是它的波长变短了。此时，这束光会向光谱的蓝色一端（波长更短）移动，产生蓝移。而如果我远离这束光，波长就会被拉长，从而产生红移的效应。波长越短，光子携带的能量就越高。因此，当我朝一束光移动时，虽然它的传播速度没有加快，但能量却增加了。

爱因斯坦在论文中用下面这个方程式说明了能量的变化：

$$l^* = l\,\frac{1 - \dfrac{v}{V}\cos\varphi}{\sqrt{1 - \left[\dfrac{v}{V}\right]^2}}$$

公式看起来有点复杂，但其内容非常简单（只不过从现代的观点来看，爱因斯坦选择的符号不太理想）。我们可以忽略 $\cos\varphi$ 这部分。这里的 φ 是光线偏离直射方向的角度。如果不考虑这一点，我们就可以在光的能量（分别为 l' 和 l）与我们的运动速度（v）除以光速（V）之间建立起直截了当的关系。

任何研究过狭义相对论的人都会认识到这一点，因为上式中的平方根除数在狭义相对论计算中经常出现，通常人们用一个专属的符号 γ 代替它。正是这个因子让我们能够计算时间膨胀、长度收缩和质量增加的影响。

爱因斯坦设想了一个特殊的场景：一个物体通过发射两束光损失了一些能量，这两束光向相反的方向射出。他分别计算了从物体自身参照系（物体处于静止状态）和运动参照系（物体具有速度）看到的物体能量。然后，他对这些物体在发射光线后的能量进行了同样的计算，这些能量中要去掉以光的形式损失的能量。由于上式中光的能量发生了变化，这些能量将有所不同。由此，爱因斯坦能够推导出由于发射光而导致的动能变化：

$$\frac{L}{V^2}\frac{v^2}{2}$$

在公式中，L 是光的能量，v 是物体运动速度，V 是光速。根据我们在学校学到的知识，运动物体的动能是 $1/2mv^2$。因此，如果这个公式跟上面的公式等价，我们可以看到，当光发射出去时，质量减少了 L/V^2。爱因斯坦要告诉我们的是 $m = L/V^2$。

接下来，用大家更熟悉的符号来重新写一下上面的公式：$m = E/c^2$。重新变换这个公式，就得到了 $E = mc^2$。

最终，爱因斯坦证明了，这里不仅是发射出光的问题。"这里，从物体中抽出的能量变成辐射能而不是其他能量。我们可以得出更具普遍性的结论：物体的质量是其能量含量的量度。"他接着说，如果能量发生一定量的变化，那么相应的质量变化量就是这个量除以用适当单位表示的光速的平方。

最后，爱因斯坦根据我们在"第五日"所谈到的玛丽·居里关于放射性的发现，为我们提供了一个判断。"也许，用能量变化很大的物体（如镭盐）来检验这一理论更容易被证明是可能的。"

现在我变成了死神，世界的毁灭者

第二次世界大战期间，美国为了研制原子弹，建立了洛斯阿拉莫斯国家实验室，罗伯特·奥本海默（Robert Oppenheimer）是实验室的负责人。他说，当他目睹第一次核武器试爆时，他的脑海中浮现出印度经文《薄伽梵歌》（*Bhagavad Gita*）中的一句话："现在我变成了死神，世界的毁灭者。"

原子弹这种武器与爱因斯坦的这三页论文有直接联系。在核裂变反应中，原子核分裂，导致物质总质量减少，并以能量的形式释放出来。但这一原理本身还不足以让人类制造出核武器。由于等式中的 c^2 部分（光速是一个极大的数），即使损失的质量很小，释放的能量也很大。但是，单个原子核的质量实在太小了——总体上质量减少的值也小得令人难以置信。例如，当铀 235[①] 的原子核发生衰变时，会产生约 200 MeV（兆电子伏特）的热量（粒子物理学家使用的能量单位）。这大约是 1 焦耳的 30 万亿分之一。换句话说，一支普通的 LED 灯泡每秒产生的热量大约是它的 40 亿倍。

要想将爱因斯坦的启示提升到实用水平——造出原子弹，还需要加上链式反应的概念。据链式反应的提出者、匈牙利物理学家利奥·西拉德（Leó Szilárd）所说，有一次他在等待交通信号灯时，突然想出了这个概念。当时，西拉德住在伦敦罗素广场的帝国酒店，正在等待穿过南安普顿街进入广场。在等待的过程中，他脑海中闪现出了欧内斯特·卢瑟福针对核能说过的一句轻蔑的话。

1933 年，在接受美国《国际先驱论坛报》（*Herald*

[①] 这是铀的一种同位素，其原子核内共有92个质子和143个中子。某种元素的同位素都具有相同数目的质子，但中子数目不同。铀235是核链式反应所需的铀的同位素。

Tribune）采访时，卢瑟福曾说过："原子分解产生的能量小得可怜。任何人指望从这些原子的转化中获得能量，都是痴人说梦。"鉴于原子衰变产生的能量微乎其微，他这么说不无道理。西拉德在回顾自己当时闪现的灵感时说："但是，我突然想到，如果我们能找到一种元素，用中子轰击它可以使其分裂，并且它在吸收一个中子的同时会放出两个中子，这样的元素如果集合起来，质量足够大，就能维持核链式反应。"这就像在银行账户上获得复利一样。你投入一个中子，得到两个中子的回报；现在再投入两个中子，又得到四个中子——以此类推。如果能控制好，这个过程可以持续地、自发地产生能量，而如果失控，每次反应的速度都会加倍。

受控的、自我维持的链式反应是核能的基础。日常生活中，人们对核事故总是心怀恐惧，这一点可以理解，但核能其实是一种绿色能源。与煤炭等化石燃料相比，在生产相同能量的情况下，核能造成的污染要少得多。奥本海默及其团队在三位一体原子弹试验，以及投向日本广岛和长崎的两颗原子弹中，就利用了失控的核裂变反应。

爱因斯坦被人说服，曾写信给当时的美国总统罗斯福，申明有必要研制原子弹，因为他担心纳粹德国已经在研制这种武器。后来他一直对自己的忧虑最终变成了如此致命的武器而感到遗憾。

爱因斯坦其人

爱因斯坦出生于一个幸福的中产阶级家庭，自幼就具有卓越的独立思考的能力，而且终生保持这种能力。在学生时代，他的各学科成绩参差不齐。如果他对某个学科感兴趣，就会投入大量精力；如果不感兴趣，他就会想方设法避免参与其中。他既不随波逐流，也不墨守成规，而是更乐于按照自己的方式做事。在 19 世纪末的德国，人们做事还非常的循规蹈矩，他的这种风格给自己带来了不少的麻烦。他在中学时代表现平平，曾有人评价爱因斯坦很懒，认为他终将一事无成。然而，爱因斯坦 15 岁那年，他们举家搬迁，这次搬家给他的生活带来了转机。

当时爱因斯坦的父亲赫尔曼正在竭尽全力经营自己的生意。赫尔曼的弟弟雅各布建议全家搬到意大利，在那里重整旗鼓，把生意做起来。但是搬家的时候，爱因斯坦被留在了德国的寄宿学校，继续学业。不到半年，爱因斯坦从医生还有数学老师那里拿到了亲笔信，说他的学业毫无进展，而且有精神崩溃的危险。爱因斯坦拿着这些信去找校长，说他必须离开学校去跟家人团聚，结果校长却跟他说，只能是学校开除你才能离开。

后来，爱因斯坦离开学校，前往意大利的帕维亚与家人团聚，这段时间他心情不错。此时，还差几个月，他就必须去服一年的强制兵役了，为了逃过这一劫，他宣布放弃德国国籍。爱因斯坦现在需要一个去处。他向著名的苏黎世联邦理工学院（旧名瑞士联邦理工学院，ETH）提出了申请，但惨遭拒绝。好在第一次申请，他比通常的入学年龄小一岁。申请失败后，他在瑞士的一所学校学习了一年，第二次申请的时候，总算勉强通过了 ETH 的入学考试。跟以前一样，他的数学和其他理科的得分很高，只是文科的成绩比较差。

在苏黎世联邦理工学院学习期间，他没怎么把时间用在学习上，最终只获得了一个普普通通的学位。但他本人不觉得有何遗憾，因为他遇到了米列娃·玛丽克。两人坠入了爱河，1902 年，玛丽克生下了女儿丽瑟尔（Lieserl）。由于他们还没有结婚，加上爱因斯坦担任临时教师的收入有限，这对夫妇似乎是将丽瑟尔送人收养了。这个女儿的存在一直被他们掩盖，直到 20 世纪 80 年代相关的信息才被公开。

1902 年夏天，爱因斯坦在瑞士专利局找到了一份工作，也就是在那里工作期间，他经历了自己的"奇迹年"。由于有了这份稳定的工作，他和玛丽克得以在 1903 年 1 月结婚。他一直在专利局工作到 1909 年，那个时候，他已经在学术界声誉鹊起，很多大学争相延聘。获得大学教职之后，爱因斯坦大部分时间都与留在瑞士的家人分居两地［他跟玛丽克还育有两个儿子——汉斯·爱因斯坦（Hans Einstein）生于 1904 年，爱德华·爱因斯坦（Eduard Einstein）生于 1910 年]。1917 年，爱因斯坦在柏林大学从事广义相对论的研究工作。那时，柏林大学成立了德皇威廉物理研究所，爱因斯坦担任所长。繁重的研究工作使他积劳成疾，几乎有一年时间都卧病在床，由他的表姐爱尔莎·洛文塔尔照顾。爱尔莎此时已跟丈夫离婚。

随着这对表姐弟之间的感情与日俱增，爱因斯坦与玛丽克协商离婚，为了能和平分手，爱因斯坦承诺等他获了诺贝尔奖，会把奖金全部交给玛丽克。1919 年 6 月，爱因斯坦和爱尔莎结婚。爱因斯坦出身于犹太家庭，但并不信犹太教，在度过了 20 世纪 20 年代的一段安逸生活后，希特勒在德国崛起让爱因斯坦一度考虑再次搬家。1933 年 10 月，爱因斯坦一家搬到了美国新泽西州的普林斯顿，他开始在那里生活，并在新成立的高等研究所工作终生。

到了美国之后，爱因斯坦没有再取得任何科学上的突破，但他帮助了许多年轻的物理学家投身科研事业。他还曾获邀担任以色列国的总统，但他拒绝了。虽然他有自己鲜明的政治观点，比如，他是一个旗帜鲜明的和平主义者，但他并不想把自己的时间奉献给政治生活。爱因斯坦早年对音乐的兴趣保留终生。他拉得一手好小提琴，经常会找机会演奏一下。

生命的改变者

核能

爱因斯坦关于质量与能量关系的论文所带来的积极成果是核能的和平利用与开发。虽然出过少数几起事故，影响了核能行业的声誉，但总体而言，核能非常安全，在生产同等量能源的情况下，核能造成的死亡人数及污染远远少于化石燃料。如今，人类正努力转向使用低碳燃料以减轻对气候变化的影响，在此过程中，核能仍然大有可为。

原子武器

只要讨论起爱因斯坦的这篇论文，原子武器这个"幽灵"必然就会出现。最早的原子武器是裂变武器，使用的正是爱因斯坦所讨论的原理，并结合了链式反应的概念。然而，自20世纪60年代以来，大多数核武器都是聚变炸弹（即所谓的氢弹），氢弹同样利用了质能等效性原理，通常以裂变核弹作为引爆装置，但其主要爆炸装置是基于核聚变（跟太阳的能量来源相同），而不是裂变。

第七日

DAY 7

1911年4月8日，
海克·卡末林·昂内斯——超导的
发现

某项科学发现的具体日期通常很难确定，但荷兰物理学家海克·卡末林·昂内斯是个例外，我们可以从他那"骇人"的潦草字体书写的实验笔记中确定他是在哪一天发现了超导现象。超导性是指电阻在极低温度下消失的现象，它使制造超强磁体和无损耗地传输电流成为可能。超导已经在大型强子对撞机、医院的核磁共振扫描仪和超高速悬浮列车等设施中得到应用。尽管在卡末林·昂内斯的个性和管理风格下，超导性原本可能被忽视，但终归还是被发现了。他的管理方法很专制，即使以当时的标准来看，也被认为是过时的、家长式的。然而，他的发现却产生了长远的影响，并给未来带来了更多的希望。

1911 年

这一年，官方航空邮政首航；泰坦尼克号的姊妹船皇家邮轮奥林匹克号首航；英国国王乔治五世（George V）加冕；玛氏糖果公司在华盛顿州塔科马市成立；希拉姆·宾厄姆（Hiram Bingham）发现秘鲁的马丘比丘遗迹；卢浮宫的《蒙娜丽莎》被盗；汽车制造商雪佛兰上市；欧内斯特·卢瑟福及其同事发现原子核；罗尔德·阿蒙森（Roald Amundsen）到达南极点。这一年出生的名人有美国演员丹尼·凯耶（Danny Kaye）、美国演员兼总统罗纳德·里根（Ronald Reagan）、美国剧作家田纳西·威廉斯（Tennessee Williams）、美国演员文森特·普莱斯（Vincent Price）、法国总统乔治·蓬皮杜（Georges Pompidou）、美国物理学家约翰·惠勒（John Wheeler）、美国女演员金格·罗杰斯（Ginger Rogers）、加拿大学者马歇尔·麦克卢汉（Marshall McLuhan）、美国女演员露西尔·鲍尔（Lucille Ball）和英国作家威廉·戈尔丁（William Golding）。这一年去世的名人有英国科学家弗朗西斯·高尔顿（Francis Galton）、奥地利作曲家古斯塔夫·马勒（Gustav Mahler）和英国戏剧家W.S. 吉尔伯特（W.S. Gilbert）。

卡末林·昂内斯简介

海克·卡末林·昂内斯

- 物理学家
- 科学遗产：超导性

1853 年 9 月 21 日出生于荷兰格罗宁根市

教育经历：海德堡大学和格罗宁根大学

1882—1923 年，莱顿大学实验物理学教授

1887 年，与玛丽亚·比勒夫尔德（Maria Bijleveld）结婚

1904 年，创建了现在的卡末林·昂内斯实验室

1913 年，获诺贝尔物理学奖

1926 年 2 月 21 日逝世于荷兰莱顿，享年 72 岁

温度的尺度

正如我们在"第三日"中讨论的热量理论和热力学的发展一样，热量和温度是人们在了解这些理论之前就在已经讨论的话题。第一台真正意义上的温度计是在 18 世纪问世的，人们最熟悉的华氏和摄氏温标也是在那个时候问世的。奇怪的是，被视为科学家的伽利略、牛顿等人，却没有形成现代的温度概念。华氏和摄氏温标都很实用，但也都有缺陷。

我们最熟悉的温标具有欺骗性，这一点可以从新闻报道中经常出现的误解中得到证明。让我们以气候变化领域中的全球平均气温为例，这是衡量全球变暖的标准。1900 年，这一温度约为 13.8℃。现在，气温上升了约 1.1℃或 1.2℃。如果不加

以控制，到 21 世纪末，上升幅度可能会高达 5℃。这种上升有时被描述为有 36% 的上升，因为 5 约为 13.8 的 36%。

在本书中，气温通常以摄氏温标来表示。上一段中没有提及对应的华氏温度，因为如果用华氏温标来表示，就看出问题来了。用华氏温标表示，1900 年的平均气温为 56.8 ℉[①]，到 21 世纪末可能升高 9 ℉。用同样的方法计算，上升的百分比为 16%。不知何故，采用不同的温标体系，就能使气候变化的影响减半——这怎么看也是不合理的。

通过比较冷藏室和全冷冻冰柜中的物品，可以看出出现这种混淆的原因。我的冰柜能将物品保存在 –18℃的环境中，而冷藏室能将物品保存在 4℃的环境中。温度差的百分比是多少？计算增加的百分比，我们通常的方法是将增加值（这里是 22）除以起始值（这里的数字是 –18），得出的百分比增幅是 –122.222……%，这没有任何意义。如果不以从零开始的尺度上来计算，这样算出来的所谓变化的百分比是没有意义的。在现实世界中，正如你拥有的东西的数量不可能是负数，温度也不可能是负数。

---

① 1 华氏度 =1 摄氏度 ×1.8+32。——编者注

寒冷的终点

如果要设计一种真正以零度为起点的温标，那么就必须有一个温度的下限——令人惊讶的是，在现代温度计、温标或关于温度的有用定义出现之前，这种想法就已经出现了。与牛顿同时代的早期化学家罗伯特·波义耳（Robert Boyle）在其1665 年出版的《关于寒冷的新实验和观察》（*New experiments and observations touching cold*）一书中，用了一章的篇幅对"极冷"（primum frigidum）的概念进行了讨论。

无可否认，波义耳的主要目的是反驳"某种物体，其本身具有极冷之性质，所有其他的物体通过接触此物体也会获得这种性质"的可能性。他总结说："我在这个问题上行使个人权威的目的，并非是要把其他人关于'极冷'的可能观点说成是绝对错误的，而是要阐明，为什么我认为这些观点是可疑的。"不管怎么说，事实是，波义耳认为用 52 页的篇幅来质疑这一概念是明智的。

实际上，"极冷"被认为是一种反热质的物质，或"极冷质"。从这个意义上讲，波义耳对其是否存在表示怀疑是符合现实的。然而，在 17 世纪早期，当温度计问世后，温度的下限成为一个更能进行量化的推测领域。法国自然哲学家纪尧姆·阿蒙顿（Guillaume Amontons）制造了一种温度计，使用一定量的空气将水银柱托起的高度来测量温度。随着温度的下降，空气的体积也随之减少。很明显，这一定有一个极限，因为空气体积不可能永远变小。这非常符合当时的热量理论。如果热量反映的是物体热质流体的量，那么一定会有一个点，在这个点上，流体失去了所有热量，无处可去。正如曼彻斯特文学和哲学协会在 1798 年的一份说明中明确指出的那样，"绝对零度"一词的首次使用反映了存在"热量绝对消失点"的观点。

人们曾多次尝试计算这个极限——有的测算在 –270~–240℃，有的则达到英国化学家约翰·道尔顿（John Dalton）估计的 –3 000℃。然而，热力学的发展使人们有可能更准确地确定这个下限（并毫无疑问地确定其确实存在）。人们认识到，温度是原子和分子动能的度量（后来将原子周围电子的能级也包括在内），因此绝对零度是一个明确的最低点，在绝对零度时，所有这些能量都处于最低水平。

英国物理学家威廉·汤姆森（开尔文勋爵）在制定新的温标——绝对温标（或称开尔文温标）时反映了这一认识，该温标从 0 开始表示绝对零度（–273.15℃），向上计量的单位与摄氏度相同。现在，绝对温标的单位被定义为"开尔文"。例如，水的凝固点是 273.15 开尔文（K）。（注意，绝对温标的单位就是"开尔文"，而不是"开尔文度"）。

还能降到多低？

如果存在这样一个温度下限，那么就有足够的理由对这一极端进行研究。挑战在于如何将温度降至环境温度以下。1758 年，英国化学家约翰·哈德利（John Hadley）和美国人本杰明·富兰克林在剑桥大学合作，利用乙醚和酒精等挥发性液体，首次制造出远低于水的冰点的温度。蒸发之所以能降低温度，是因为液体到气体的转变需要能量——皮肤上的汗液通过风扇加速蒸发能为我们降温，也是这个道理。哈德利和富兰克林在实验中将温度降到了 –14℃左右。

法拉第的众多成就之一是利用高压和低温的组合使多种气体液化，不过他认为有些气体，如氧气和氢气，无法变成液态。这一研究过程一直在继续，科学家们利用当时能获取的最低温度作为起点，制造出更低的温度，最终卡末林·昂内斯的工作取得了胜利。1908 年 7 月，他在莱顿的实验室里成功地完成了最耐液化的气体氦的液化，温度达到约 1.5K（–271.65℃）。卡末林·昂内斯因此获得了 1913 年诺贝尔物理学奖。

此后，人们的研究更进一步，达到了令人难以置信的绝对零度——约为百亿分之一开尔文——但需要强调的是，我们永远无法达到极限。从科学原理上讲，热力学第三定律涉及的是熵的变化，这意味着不可能通过有限的步骤达到绝对零度。偶尔会有一些实验似乎能产生低于绝对零度的情况，但实际上并非如此。

"负绝对温度"的说法反映的是热力学中熵的变化。产生这种效应的情况是，气体中的大多数粒子具有非常高的能量（尽管不是动能）。高能量和低组织方式的结合意味着气体中能量的分布通常是颠倒的；这被人为地表示为绝对温度为负值，实际上其中的物质并没有冷却到绝对零度以下。

过渡：1911 年

在成功液化氦气之后，卡末林·昂内斯决心探索极低温度对材料性能的影响。在测量固态汞低温下的导电性能时，他发现汞在 4.2K 时发生了令人震惊的转变。通常，当物质导电时，部分电能会因电阻作用以热量的形式流失——我们现在知道这是携带电能的电子与材料结构之间的一种相互作用。但在 4.2K 这个温度下，卡末林·昂内斯发现汞不再具有任何电阻。

本书中提及的大多数关键日期，都是根据向世界宣布这一发现的论文的发表日期来确定的。然而，就超导而言，我们却不以他的论文《论水银电阻突然消失的突变》（*On the*

Sudden Rate at Which the Resistance of Mercury Disappears）的
发表日期为准。这是因为卡末林·昂内斯在他的实验室笔记本
上记录了一些非常精确的时间。不过，虽然他有实验笔记，但
弄清楚这些信息并不容易。他不仅将 1911 年的发现记录在一
本标有 "1909—1910 年" 的笔记本里，而且用的是铅笔，字
迹极其潦草。

卡末林·昂内斯在 4 月 8 日下午 4 点整记下的信息是
"*Kwik nagenoeg nul*"。起初，这似乎并不是一个特别有意义
的观察结果，大概意思是 "Quick pretty much null"。但这里的
"Quick" 并不表示 "快"，而是 "quicksilver"（水银）的缩写，
他是说没有检测到电阻。我们从这一记录中得到了 4 月 8 日这
个日期，但记录却没有附上年份。更糟糕的是，在这个本子稍
靠后的部分，我们看到了他写于 1910 年 5 月 19 日的实验记录。
从笔记本的标签来看，似乎表明 1911 年的日期是不正确的，并
且实际上，直到 1911 年 4 月他才拥有了进行这一实验的设备。

而相关的理论要赶上实验还需要一段时间。当时人们已
经知道，一束电子通过导体时会形成电流，其行为类似于高压
下的气体。温度越低，其电子的流动性就越小。因此，当时许
多人的假设是，接近绝对零度时，电子会停止流动，从而使电
阻急剧上升。不过，卡末林·昂内斯属于相对立的一派，他预
计低温下电阻会下降，不过他认为只有在（无法实现的）绝

对零度时，电阻才能为零。卡末林·昂内斯将这种现象称为"超导"。

具体来说，零电阻的含义是，在使用这种材料的环路上流动的电流将永远持续下去，而无须向系统输入任何额外的能量。考虑到实现超导需要的低温极难达到，要证明电阻完全为零并非易事。测量物体电阻的典型方法是在其两端施加已知电压并测量电流，但在超导的情况下，电流表测量的值会直接超出刻度。大家可能还记得在学校里学过的电压、电流和电阻之间的关系可以由简单的公式 $V=IR$ 表示。

这意味着，如果在电阻 R 上施加 V 的电压，就会得到 V/R 的电流。但是，如果 R 变为零，电流就会变成无限大。此处必须有一个值有所让步。在实践中，我们会发现这种电流是自限的：不仅承载电流的电子是有限的，磁场的积聚最终也会使超导失效。然而，这并不能阻止电流值飙升，因此对其进行计量会变得不切实际。

电阻的消失有两个重要的实际意义。一是没有了电阻，就没有了热量损耗。目前，所有电力线都会因发热而损失能量，如果有可能使电力线具有超导性，就能将所有能量传输过去。二是电磁铁的磁场强度取决于通过它的电流。用超导材料制成的电磁铁可以产生比传统磁铁强得多的磁场，这已被证明在磁共振成像扫描仪、粒子加速器和磁悬浮列车等各种设备中非常有用。

迈斯纳效应

超导体的一个有趣特征是迈斯纳效应，1933 年由德国物理学家瓦尔特·迈斯纳（Walther Meissner）和罗伯特·奥森菲尔德（Robert Ochsenfeld）在位于柏林的德国联邦物理技术研究院（Physikalisch–Technische Bundesanstalt，PTB）发现。

正如我们在"第二日"所看到的，法拉第提出了电场和磁场的概念。一般来说，磁场充满空间并穿过物体，此外它会受到电磁效应的扭曲。但是，在超导起作用的转变温度下，导体会突然完全驱除其内部的磁场，迫使磁场离开材料。这也是超导效应最引人注目的实验室演示之一：当导体变得超导并驱除磁场，放在导体顶部的普通永久磁铁就会悬浮在导体上方。

卡末林·昂内斯没有尝试用仪表测量电阻，而是让电流围绕半导体环运动，并测量这个非常基本的电磁铁产生的磁场。如果环路有任何电阻，那么电流会随着热量的产生而逐渐下降，从而使磁场减弱。卡末林·昂内斯只能将液氦保持几个小时的时间，而在这段时间内，磁场强度并没有明显下降。20

世纪 50 年代，人们用更好的技术进行了类似的实验，实验持续了 18 个月，磁场没有明显下降，表明电流也没有下降。

"高温" 超导体

超导体的性能非常卓越，在增强电力传输和生产超强磁铁领域具有极大的潜在用途。不过，虽然现如今我们的低温技术比卡末林·昂内斯时代要好得多，但如今要将温度降至 4K 或更低仍是一项艰巨的任务——毕竟我们谈论的是 –269.15℃。然而，实验人员通过对特殊的超导材料的研发，逐渐成功地将超导发生的温度提高到了 20~30 K。虽然这样的温度仍然很低，但比之前容易实现了。事实上，在 20 世纪 50 年代关于超导工作原理的基本理论问世时，超导研究似乎也已经走到了尽头。在大约 30 年的时间里，这样的超导温度一直都是极限。好在优秀物理学家的口头禅是"永不言败"。

BCS 理论

解释传统超导现象有赖于量子理论的发展，而在卡末林·昂内斯发现超导现象时，量子理论还处于起步阶段。导体中的电流是由电子携带的，电子与导体原子很容易分离，在导体的原子晶格中漂移。由于这些原子不断运动，即使是在固体中，电子也很难在不与原子晶格发生相互作用的情况下通过，从而产生电阻。

三位美国物理学家——约翰·巴丁（John Bardeen）、利昂·库珀（Leon Cooper）和罗伯特·施里弗（Robert Schrieffer）——提出了一套理论来解释超导现象，后来人们用三个人姓氏的首字母将其称为 BCS 理论。库珀已经描述了成对电子（想象中称为"库珀对"）之间潜在的低温相互作用，它们可以像单个粒子一样，通过导体晶格中的振动连接在一起。然而，这些振动也会使电子对迅速分离。但是，在极低的温度下，库珀对（它们是量子实体，并没有确切的位置）可以充分重叠，成为一个被称为凝聚态的单一实体。这使它们能够忽略晶格振动，在晶格中漂浮，就像晶格不存在一样，从而产生零电阻。

1987 年 3 月，一个研究小组宣布了第一个在 90 K 温度下实现超导的成功案例。这是使用看似不太可能的陶瓷材料实现的。陶瓷是一种非金属结晶材料，而我们日常最熟悉的陶瓷是良好的绝缘体。用于分隔铁路线上 25 000 V 电缆的绝缘体，或是将高压电塔上的架空电线与电塔分隔开来的绝缘体，使用的都是陶瓷绝缘体。

　　传统陶瓷（以及家用的陶瓷）通常是硅酸盐，但高温超导体的结构更为复杂，由钡、铜、钇和氧组成。当时没有人清楚这种新型超导体是如何工作的——此前我们提及的理论无法解释这种超导现象。因此，实验人员不再尝试根据理论构建新的超导材料，而是采用概率的方法，不断尝试各种材料的混合体，试图找到一种能在更高温度下作为超导体的物质。在一年之内，科研人员用锶和铋替代一些原始元素，在 125K 的温度下观测到了超导现象。

　　尽管此后有许多报道称在更高的温度（接近室温）下观察到了超导现象，但迄今为止还没有任何报道证明这些超导现象是可以复现的。不过，人们对陶瓷超导体中的奇特结构有了更深入的了解，尽管具体机制仍不确定，但这些材料的结构似乎就是产生超导特性的原因。人们至今仍在为制造室温超导体而努力。

　　不过，这并不影响新型超导材料的重要性。最初实验中使用的液氦仍然难以获取，生产成本高昂，使用起来也有很多麻烦。然而，现在沸点为 77K 的液氮——对于新型超导材料来说温度足够低，也很容易获取（高档餐馆的厨师甚至用它来瞬间冷却食物），价格便宜，而且相对容易处理。

卡末林·昂内斯其人

与牛顿或爱因斯坦不同,卡末林·昂内斯的生平事迹没有被广泛记录。不过,我们可以从他的为人谈起。在20世纪初,人们仍然非常重视社会地位,但即使按照当时的标准,卡末林·昂内斯也被认为是"老古董"。他以近乎军事化的方式管理自己的实验室,虽然他有一个规模不小的员工队伍,但他的科学论文往往都是由他一个人署名,像是一个传统的独行科学家。他的手下觉得他像个大家长,总是盛气凌人,而当时科学正变得民主化,由技术和能力而非个人背景驱动。

在卡末林·昂内斯做出有关超导的发现后,情况已经开始发生变化。尽管如此,卡末林·昂内斯获得诺贝尔奖时他的个人简介中还是这样写道:"他极具个人魅力和慈善本性,在第一次世界大战期间和战后,他非常积极地致力于消除科学家之间的政治分歧,并为粮食短缺国家的饥饿儿童提供救助。"这些机构提供的个人小传倾向于为尊者讳,但在世人面前热心慈善事业,与将实验室作为私人领地来经营,这两种行为之间并不矛盾。

有趣的是,丹麦物理学家尼尔斯·玻尔在1912年加入欧卢瑟福位于曼彻斯特的实验室时,他所遇到的情形与昂内斯建立的实验室的严格等级制度形成了鲜明对比。玻尔说,在曼彻斯特，他体验到了"整个物理和化学科学的新前景所带来的热情，这个新前景是由发现了原子具有原子核所开启的。在1912 年春天，卢瑟福的学生们热烈讨论着这个新前景"。玻尔在与英国物理学家 J.J. 汤姆森一起工作时，发现他似乎像卡末林·昂内斯那样冷漠疏离，相比之下，玻尔认为曼彻斯特大学轻松自由的氛围更有利于他发展自己的想法。每天下午，玻尔都有机会喝着茶，吃着蛋糕，讨论他的新想法。卢瑟福经常主持一些非正式的聚会，在周五下午还会举行更为正式的学术讨论会。对玻尔来说，最大的不同似乎就是这种更具协作性的信息共享方式。在曼彻斯特卢瑟福实验室的热烈气氛中，量子原子的想法诞生了。这是卡末林·昂内斯的助手们可望而不可即的自由。

改变生活的发明

核磁共振成像（MRI）

核磁共振成像扫描仪是 20 世纪医学诊断领域最重要的新设备之一，它需要极强的磁铁来翻转磁体内部质子的磁排列。这种强大的磁场只有在超导磁体研制成功后才有可能实现。

磁悬浮

强磁场的另一个应用是磁悬浮列车。磁悬浮列车利用基于超导磁体的磁场，使列车悬浮在轨道之上，从而可以达到传统铁路线完全无法达到的高速度。实验性磁悬浮列车的时速已超过 600 千米。在撰写本书时，已有少数短程磁悬浮列车完全投入运营，例如，连接上海机场与市区 30 千米距离的磁悬浮列车时速可达 430 千米。预计还会有其他线路投入运营。

更多应用

在上述例子中，我们对超导潜能的了解还仅仅停留在表面。正如我们所看到的，超导体的工作温度已经远远超出了人们的预期，而有关室温超导体可能性的实验仍在继续。超导体不仅可以用来制造磁力极强的磁铁，如核磁共振成像、磁悬浮列车和粒子加速器（如欧洲核子研究中心的大型强子对撞机）中使用的磁铁，还意味着可以在不受热的情况下传输电流。如果能够获得室温超导体，它们就能改变世界的电力分配，因为随着我们陆续停止使用化石燃料，需要越来越多地使用电力。同样，使用超导体还能把更复杂的电路安装在同一个空间内，因为通常情况下，电路受到电阻会发热，进而限制了电路的密度。

第八日

DAY 8

1947 年 12 月 16 日，
约翰·巴丁和沃尔特·布拉顿——
首次演示工作晶体管

在前面的章节中，我们所介绍的都是具有重要实用价值的物理学概念是如何发展起来的。从本章开始，我们将要连续"三天"介绍基础物理学的应用如何产生改变世界的新事物。就研究本身而言，也出现了变化。那就是，此前的突破往往都是个人做出的，而接下来的三个都是团队做出的。我们会发现，对于下面的案例，过于详细地探索某个人的生活对了解研究的发展并无多大作用。人们通常把威廉·肖克利（William Shockley）这个名字与晶体管的开发联系在一起，但在贝尔实验室这个思想大熔炉中，为肖克利工作的巴丁和布拉顿才是晶体管的发明者。晶体管的发明并不是制造电子设备的开端，但在此之前，制造电子设备受限于热离子真空管的能力，电子设备可以说是粗老笨重。有了晶体管，电子技术才真正开始进入我们生活的各个角落。巴丁和布拉顿与肖克利的相处并不总是融洽——晶体管的诞生过程既充满人和人之间复杂的关系互动，又引人入胜。

1947 年

这一年，美国国会首次举行电视会议；第二次世界大战后的和平条约在巴黎签署；第一台宝丽来相机进行了展示；国际货币基金组织成立；一艘停泊于美国得克萨斯城的货轮起火，引爆了船上的化肥材料，造成 500 多人死亡，20 个街区被毁；丹麦国王弗雷德里克九世（Frederik Ⅸ）即位；第一辆法拉利汽车下线；《安妮日记》（*Anne Frank's Diary*）出版；罗斯威尔"外星飞碟"事件发生；巴基斯坦和印度获得独立；英国伊丽莎白公主与菲利普·蒙巴顿（Philip Mountbatten）成婚；第一台商用微波炉上市。这一年出生的名人包括英国音乐家大卫·鲍伊（David Bowie）、日本首相鸠山由纪夫（YuKio Hatoyama）、荷兰公主克里斯蒂娜（Christina）、英国音乐家埃尔顿·约翰（Elton John）、印度出生的英国作家萨尔曼·拉什迪（Salman Rushdie）、英国音乐家布莱恩·梅（Brian May）、康沃尔公爵夫人卡米拉（Camilla）、奥地利出生的美国演员阿诺德·施瓦辛格（Arnold Schwarzenegger）、英国赛车手詹姆斯·亨特（James Hunt）、美国作家斯蒂芬·金（Stephen King）和美国政治家希拉里·克林顿（Hillary Clinton）。逝世的名人包括美国黑帮头目阿尔·卡彭（Al Capone）、美国百货商店老板哈里·塞尔弗里奇（Harry Selfridge）、德国物理学家马克斯·普朗克、英国首相斯坦利·鲍德温（Stanley Baldwin）和意大利国王维克多·伊曼纽尔三世（Victor Emmanuel Ⅲ）。

巴丁简介

约翰·巴丁

- 物理学家
- 科学遗产：超导理论、电子学

1908 年 5 月 23 日出生于美国威斯康星州麦迪逊市

教育经历：威斯康星大学和普林斯顿大学

1938 年，与简·麦克斯韦（Jane Maxwell）结婚

1945 年，加入贝尔实验室

1951 年，伊利诺伊大学香槟分校电气工程和物理学教授

1956 年，获诺贝尔物理学奖

1972 年，获诺贝尔物理学奖

1991 年 1 月 30 日逝世于美国马萨诸塞州波士顿，享年 82 岁

布拉顿简介

沃尔特·布拉顿

- 物理学家
- 科学遗产：电子学

1902 年 2 月 10 日出生于中国福建省厦门市

教育经历：惠特曼学院、俄勒冈大学和明尼苏达大学

1929 年，加入贝尔实验室

1935 年，与卡伦·吉尔摩（Karen Gilmore）结婚

1952 年，哈佛大学客座讲师

1956 年，获诺贝尔物理学奖

1958 年，与艾玛·简·米勒（Emma Jane Miller）结婚

1962—1976 年，惠特曼学院客座讲师，后升任教授

1987 年 10 月 13 日逝世于美国华盛顿州西雅图，享年 85 岁

控制电子

根据我们在"第二日"了解到的迈克尔·法拉第的"实验研究",电已经从一个有趣的研究课题转变为一种实用的能源分配手段,并迅速取代了化石燃料的某些用途。由于会影响气候,汽车、供暖和工业领域目前正在逐步淘汰化石燃料,这一过程仍将继续。然而,电力的使用价值,并不仅仅是一种动力源。

早在 19 世纪 30 年代,法拉第就注意到,在气压降低的玻璃管中的一对极板上施加电压会产生奇异的光亮,正如我们此前所了解的,英国物理学家威廉·克鲁克斯对此进行了更深入的研究,并设计出了阴极射线管。在"第五日",我们看到这些装置的实验结果是发现了 X 射线,它是由通过真空管中的电子流高速撞击金属板而产生的。(J.J. 汤姆森正是通过使用克鲁克斯管发现了电子。)

多位科学家和发明家,特别是托马斯·爱迪生(Thomas Edison),对克鲁克斯电子管进行了实验,他们发现在电子管内使用不同的带电板会影响电子的流动。1904 年,英国物理学家约翰·弗莱明(John Fleming)发现了这些效应的实际用途。他制作了一种装置,由一根被电流加热的导线和一块金属板(后来被导线周围的金属圆筒取代)组成。加热后的导线释放出电子,可以传导电流。

这种装置安放的结果是，当金属板带正电时，电流会从导线向金属板的一个方向流动，但不会向另一个方向流动，因为金属板没有被加热，所以不会产生自由电子。当时，早期的无线电接收器使用一种被称为"猫须"的半导体装置从无线电波中提取信号，但这种装置很难使用，需要不时地调整才能正常工作。弗莱明的装置后来被称为"弗莱明阀"或"振荡阀"，与"猫须"具有相同的效果，但要稳定得多。

弗莱明制作的装置就是现在所说的二极管（因为它有两个电极），这种电子元件允许电流流向一个方向，但不允许流向另一个方向。普通的二极管在英国被称为"热离子阀"（thermionic valve，或叫热阴极电子管，因为它使用加热的导线产生电子，使其像单向阀一样工作），在美国被称为"真空管"（因为电极周围是抽真空的玻璃管）。

1907 年，美国发明家李·德弗雷斯特（Lee de Forest）将这种电子阀提升到了一个新的水平。他在加热的阴极和阳极之间放置了第三个电极，其形式为金属丝网格。当他在这个网格上施加电压时，就会改变流经阀门的电流大小。网格电压的微小变化会导致阳极和阴极之间电压的巨大变化。德弗雷斯特称之为"Audion"，后来被人们称为"三极管"，它很快成为电子技术发展的支柱。

三极管的核心价值在于，用小电流可以控制大电流的流动，这有两种用途。对于当时的普通大众来说，最重要的是三极管可以充当放大器。一个微弱的信号，例如从无线电接收器或留声机唱针上接收到的信号，可以馈送到三极管的网格，并转化为足够强的信号。

对于20世纪40年代制造早期计算机的人来说，三极管还有另一个功能——它可以充当开关，通过小电流打开或关闭大电流。开关是构建计算机所需逻辑电路的核心，而当时的计算机受限于空间里所能容纳的真空管数量。真空管不仅体积大，而且运行时散热高，所以早期的电子计算机会产生大量热量。此外，真空管也很脆弱，寿命相对较短。

了解第一台完全可编程的电子计算机ENIAC的制造过程，我们就能发现，在计算机中使用真空管作为开关会带来怎样的问题。比起第二次世界大战时期英国在布莱切利公园密码破译中心的"巨人"（Colossus）计算机，ENIAC的出现晚了近两年，于1945年底投入使用。但是，ENIAC却是真正意义上的第一台通用计算机。然而，由于依赖真空管，ENIAC对用户并不友好。

这台巨大的机器总共有17 000多个真空管，占据了一个30米长的房间，重达27吨，运行时需要150千瓦的电力，其中大部分电能都变成了废热——要知道，每个真空管的阴极本质上就是一个小型电加热器——这意味着安装ENIAC的房间需要持续进行降温处理。就像白炽灯泡会过载一样，真空管也会经常烧坏。ENIAC 从未连续运行超过 5 天而不发生故障，一般故障间隔时间为两天。当真空管出现故障时，工程师们就得跟这些真空管玩捉迷藏，试图从 17 000 个真空管中找到烧坏的那个。

值得注意的是，当美国科幻小说家詹姆斯·布利什（James Blish）在其小说《他们将拥有恒星》（*They Shall Have Stars*）中描述使用一种名为"桥"（Bridge）的飞行器探索木星大气层时，他说，"桥上没有任何电子设备，因为木星上不可能保持真空。"之所以这么说，是因为布利什认为，木星大气层的气压会压碎任何真空管。这部科幻小说出版于 1956 年，当时人们已经知道了解决这个问题以及真空管的其他问题的答案，只不过这些办法还没有广泛使用。

半导体的力量

尽管真空管很脆弱，但最初却取得了巨大的成功。当时，大量家庭都配备了"无线电"，即收音机，但是，那时很少有家庭拥有两件以上的电子设备。当时的收音机使用真空管对输入信号进行解调和放大。美国贝尔实验室的发明使电子设备从笨拙且脆弱变得小型且牢固，迅速被广泛应用于各种领域。贝尔实验室是电信巨头美国电话电报公司（AT&T）的研究机构，而美国电话电报公司最初是贝尔电话公司的子公司，由电话先驱亚历山大·格雷厄姆·贝尔（Alexander Graham Bell）于 1877 年成立。

巴丁和布拉顿一直在贝尔实验室研究一种可以取代最重要的热离子真空管，即三极管的装置。该团队希望用一小块半导体取代三极管的功能，因其尺寸仅为三极管的一小部分，散发的热量也少得多。巴丁是理论家，他了解这种新设备背后的核心理论——量子物理学，而布拉顿则是工程师，他负责将这种新设备造出来。

在这里，量子物理学的重要性怎么强调都不过分。当德弗雷斯特制造出三极管时，他承认自己根本不知道它的工作原理。他是一位纯粹的老派发明家，使用真空管就像是给电子流制作管道工程。然而，只有了解了电子等粒子的奇特行为以及材料的量子结构，才有可能更好地利用半导体器件。电子科学已经从"动动手，试试看"的发明家的天下转向了物理学家用理论驱动的世界。

量子

我们已经聊过了量子物理学在早期新物理学中发挥作用的许多案例，但晶体管这个案例，第一次充分说明了只有对极小的量子性质有了深刻的理解，才能使突破成为可能。

量子物理学中的"量"，指的是某种事物的数量，但理解其重要性的关键在于，在电子、原子和光子等极小粒子的层次上，看似连续的现象实际上是被分割成小块的。举例来说，光一直被认为是一种波，但从量子物理的观点看，光可以被描述为单个光粒子的流动。

这种认识本身并不具有革命性——但这一认识变化的意义在于，量子粒子的行为方式与我们在周围世界中看到的熟悉的物体完全不同。量子粒子可能经常被描绘成一个个小球，但实际上，它们的存在就像一团模糊的概率云，只有在它们与其他物体发生相互作用时，才能确定它们的位置。正是基于这种对量子粒子奇特行为的理解，才有可能发明晶体管。

肖克利与巴丁和布拉顿分享了发明晶体管的诺贝尔奖，可以说，肖克利与另外两人一样，都是这一时代的关键人物。肖克利确实制定了项目目标，即生产出相当于三极管的半导体，但实现这一目标的是巴丁和布拉顿（在贝尔实验室其他一些员工的帮助下）。肖克利本人也强调了这一点，他后来写道："我不是发明者之一，但我对团队获得的成功感到欣慰。"

这种发明不是一蹴而就的。在无线电接收器等设备中应用半导体已有几十年的历史，所谓的"猫须"接收器就是利用半导体晶体（通常是硫化铅）作为二极管。如前所述，这是一种只允许电流单向流动的元件，其结果是对输入信号进行解调。不过，这种半导体器件使用起来比较麻烦，因此开始的时候，人们经常用基于阀的二极管替代它们。

半导体

应用于半导体中的材料在元素周期表中介于金属（如铁或铜）和非金属（如氧或硫）之间。一般而言，金属导电，而非金属不导电。（碳是一个特殊的例外，由于其不同寻常的物理特性，它既是一种非金属，又是一种良好的导体。）半导体，如硅、硒和锗，听起来似乎就是导电效率不高的材料，但实际上它们是在某些情况下导电而在另一些情况下不导电的物质，这使它们成为那些希望能够控制电子流动方向的人所感兴趣的材料。

物质导电的通常方式是电子在材料中流动。要做到这一点，就必须让电子摆脱其原子的束缚。对于单个原子来说，其原子核周围的电子存在于被称为轨道的概率云中。但在某些材料中，当原子相互靠近时，外层轨道的电子是在一起运行的，最终形成一个近乎连续的带——"传导带"，使电子能够在材料中相对自由地移动。

在非导体中，原子正常的电子轨道与这种"传导带"之间存在很大的间隙，而在金属中则几乎没有间隙。半导体通常具有较窄的间隙，这种间隙可以通过某种形式的外部刺激来弥合。在某些情况下，外部刺激可以来自入射光，或添加少量其他材料，这种过程称为"掺杂"。

当半导体中的电子能量被提升，但停留在"传导带"以内，即所谓的价带时，它们就会沿着与主电流相反的方向流动，并带走电子之间存在的间隙。这些间隙被称为"空穴"（hole），我们也可以将它们当作粒子看待。因此，在"传导带"中有电流流过的半导体中，通常会有一个特定方向的电子流和一个相反方向的空穴流。所谓的"掺杂"，是在半导体中添加少量其他元素，以提供额外的电子（N 型半导体）或额外的空穴（P 型半导体）。巴丁和布拉顿当时研究的是一种使用锗元素的半导体。他们的实验装置与我们现在能看到的微小的晶体管元件完全不同。

固态晶体管：1947 年的那一天

在一个金属基底电极上，放置着一块灰色的锗晶体。该晶体经过掺杂处理，使锗的顶层具有过量的空穴——顶层为 P 型半导体。其余部分有过量的电子，是 N 型半导体。在锗的上方有一个三角形的塑料楔子，上面包裹着金箔。布拉顿把楔子朝下的尖端处的金箔划断了，因此通向该点的两边的金箔可以分别导电。

金箔覆盖的三角形楔子被弹簧固定在锗晶体上（如图 8.1 所示）。其结果是，两片金箔就像一对电极，它们之间的间隙非常小，由锗的顶面桥接。当一个金电极的较小的电流通过半导体锗到达基极时，它就控制了另一个金电极和基极之间的更大电流的流动。

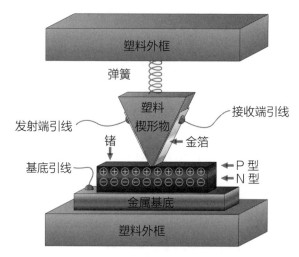

图 8.1　巴丁和布拉顿组装的实验晶体管

看到巴丁和布拉顿取得了成功，嫉妒之心似乎让肖克利失去了理智。多年来，他一直在尝试利用不同的"场效应"机制（稍后详述）制造固态三极管，但都以失败告终。在晶体管被成功发明后不久，肖克利告诉巴丁和布拉顿，他认为应该由他一个人署名申请这一概念的专利，因为他早先一直在研究固态的"电

子阀门"，尽管他的研究失败了。布拉顿后来提及，肖克利当时对
他们说："有时候，做了实际工作的人不一定得到应有的荣誉。"

肖克利的这番话让两人目瞪口呆。巴丁是个寡言少语的
人，他几乎没什么回应，但布拉顿却喊道："肖克利，这个成
果带来的荣耀够咱们每个人分的！"尽管他们俩提出了抗议，
肖克利还是我行我素，开始申请专利，而且马上就要成功。可
是，这时候专利审查员发现了一位奥匈帝国出生的美国物理学
家朱利叶斯·利林菲尔德（Julius Lilienfeld）更早的时候申请
并获批的专利。虽然利林菲尔德最终没有成功制造出设备，但
他的设计与肖克利的早期想法高度相似，而肖克利正是希望以
此为基础申请专利。最后，贝尔实验室的律师团队对方案进行
了调整，仅以巴丁和布拉顿的设计为基础申请专利，并为他们
正名。按照这个方案申请，就可以避免与利林菲尔德的专利发
生冲突。结果就是肖克利被排除在外。

肖克利为此失望至极，而巴丁和布拉顿大感欣慰。不过
这个挫折似乎也刺激到肖克利，让他创造力迸发。最初，点接
触方法是第一批商用晶体管的基础，但这种设计并没有被采用
很久，因为这种办法听起来就挺麻烦的。肖克利提出了一种全
新的设计，并于 1948 年 6 月生产出了第一款结型晶体管（PN
结晶体管）。这是一种采用了掺杂处理的三明治结构的晶体管。
这种晶体管不是两层，而是三层，要么是 P 型夹在 N 型中间，

要么是 N 型夹在 P 型中间。这种晶体管的变体将在二十年内主导整个电子领域。而这一进展发生在晶体管向全世界公布的同一个月。

"晶体管"（transistor）这个名字是贝尔实验室内部投票产生的。好在当时人们做事还都比较有板有眼，通过这种方式没有征来一些奇葩的名字。[1] 这个名字是约翰·皮尔斯（John Pierce）提出的，比其他的建议，如"表面状态三极管"或"半导体三极管"更吸引人。另一个比较受欢迎的名字是"iotatron"，使用了当时人们喜欢给科学设备使用的"–tron"的后缀［比如 20 世纪 30 年代的回旋加速器（cyclotron）和 20 世纪 40 年代的同步加速器（synchrotron）都是采用了这种构词法］，但"transistor"这个词的优势在于其后缀"–tor"让人联想到现有的电子元件，如电阻器（resistor）、电容器（capacitor）、压敏电阻（varistor）和热敏电阻（thermistor）等。

晶体管发展初期的一个变化是改用硅作为半导体，而不

---

① 英国自然环境研究理事会（Natural Environment Research Council, NERC）在 2016 年为一艘价值三亿美元的极地研究破冰船进行了网络征名。这艘船是英国最先进的极地研究设备，征名前他们本想图个吉利，给它取一个历史人物或者著名地标性质的名字。结果征名活动被一个奇葩网友劫持了，这名网友建议的名字 Boaty McBoatface 在网络投票中共获得 26 000 票，是第二名的 3 000 票的 8 倍还要多。——编者注

是锗，因为锗比硅更昂贵，也更难加工。第二次世界大战期间从事雷达研究的人对这两种半导体都很熟悉。事实证明，锗最容易在点接触晶体管中发挥作用，但硅在更复杂的设计中更为有效。1954 年，第一批硅晶体管问世，并迅速取代了锗晶体管。然而，要取得今天的成就，还需要有另外一个技术改变，这就是一种叫作金属氧化物半导体的新技术，它使人们能够制造出所谓的场效应晶体管，也就是肖克利长期以来一直在研究的那种方法。事实证明，如果没有金属氧化物技术，就不可能制造出场效应晶体管。

随着 1959 年金属氧化物半导体场效应晶体管（MOSFET）的研制成功，在从使用电子管转向晶体管的过程中，人们终于将最初一两厘米宽的电子装置，不断微型化，最终提升到了一个全新的水平。金属氧化物半导体指的是在硅片上使用薄薄的氧化物层来生产薄层电子元件，这样就有可能制造出集成电路芯片，而这正是大多数现代电子产品的技术核心。

场效应设计反映了一种控制半导体电流的不同方法。在这种设计中，来自称为栅极的独立电极的电场被用来控制半导体中的电流。由于半导体中的量子效应往往会将电场排除在外，这比人们最初预期的要困难得多，但最终在 1955 年的一次事故之后成为可能，这次事故在硅晶片顶部留下了一层二氧化硅，从而阻止了量子效应的发生。

改变生活的发明

电子技术

正如我们所看到的，电子产品的历史可以追溯到 20 世纪初，但只有在晶体管研制成功之后，电子设备才有可能变得耐用、小型化和多功能化，进而发挥今天的核心作用。在 21 世纪的某个典型住宅里，往往能找到数百种电子设备，从复杂的移动电话、汽车发动机控制系统，到面包机和厨房定时器等简单控制装置，不一而足。

微型芯片

在晶体管问世的前 20 年里，它们通常是指甲盖那么大。然而，金属氧化物半导体场效应晶体管和集成电路将晶体管的应用提升到了一个全新的水平。每个晶体管就相当于 ENIAC 这样的计算机中的一个电子管。这台计算机中有大约 17 000 个这样的电子管。而一个典型的现代计算机处理器芯片拥有数十亿个晶体管。现在，全世界有数十亿部移动电话（每部手机本身即是一台计算机）和数十亿台个人计算机，这些芯片中的晶体管数量都多达数十亿个——这还不包括其他的辅助芯片，如图形控制器和较小设备中的控制芯片。

第九日

DAY 9

1962年8月8日，
詹姆斯·R.比亚德和加里·
皮特曼——申请发光二极管专利

发光二极管（LED）似乎是激光器的"穷表弟"，但就其对我们生活产生的影响而言，它轻而易举地就可以胜过激光器——实际上，我们使用的大多数激光器都采用了与 LED 相似的设计。我们最熟悉的家用激光器应用，如 CD 和 DVD，很快就被"第十日"的发明所取代，而 LED 则越来越强大，为我们提供了耐用、低能耗的照明，而且也给我们提供了对我们来说变得越来越重要的各种屏幕的照明。与晶体管的发明相比，LED 故事的中心人物是谁更是扑朔迷离。不过，我们能够确定的是，凭借比亚德和皮特曼的专利，一种解决我们最古老的技术需求之"人工照明"的新方法实现了商业化。而这个故事的酝酿发展过程真可谓是路漫漫其修远兮。

1962 年

这一年，西萨摩亚、卢旺达、布隆迪、牙买加、特立尼达和多巴哥以及乌干达获得独立；约翰·格伦（John Glenn）成为第一个绕地球轨道飞行的美国人；英国新的考文垂大教堂在老教堂的遗址旁边落成；蕾切尔·卡森（Rachel Carson）的著作《寂静的春天》（Silent Spring）出版；第一家沃尔玛超市开业；第一颗商业通信卫星 Telstar 发射；披头士乐队第一首单曲发布；007 系列的第一部电影上映；古巴导弹危机；中印边境冲突；协和飞机制造协议签署。这一年出生的名人包括英国作家马洛丽·布莱克曼（Malorie Blackman）、美国作家大卫·福斯特·华莱士（David Foster Wallace）、美国音乐家乔恩·邦·乔维（Jon Bon Jovi）、英国赛艇运动员史蒂夫·雷德格雷夫（Steve Redgrave）、比利时公主阿斯特丽德（Astrid）、英国政治家基尔·斯塔默（Keir Starmer）、澳大利亚电影导演巴兹·鲁曼（Baz Luhrmann）和美国女演员朱迪·福斯特（Jodie Foster）。这一年去世的名人包括英国女作家维塔·萨克维尔 – 韦斯特（Vita Sackville-West）、英国作曲家约翰·爱尔兰（John Ireland）、英国统计学家罗纳德·费舍尔（Ronald Fisher）、美国女演员玛丽莲·梦露（Marilyn Monroe）、美国第一夫人埃莉诺·罗斯福（Eleanor Roosevelt）、丹麦物理学家尼尔斯·玻尔和荷兰女王威廉敏娜（Queen Wilhelmina）。

比亚德简介

- 电气工程师
- 科学遗产：发光二极管

1931 年 5 月 20 日出生于美国得克萨斯州帕里斯市

教育经历：得克萨斯农工大学

1952 年，与阿米莉亚·克拉克（Amelia Clark）结婚

1957 年，加入德州仪器公司

1967 年，加入 Spectronics 公司 [1]

1978 年，加入霍尼韦尔公司

皮特曼简介

- 化学家和电气工程师
- 科学遗产：发光二极管

1930 年 10 月 20 日出生于美国堪萨斯州惠灵顿市

教育经历：南卫理公会大学

1953 年，加入德州仪器公司

1969 年，加入 Spectronics 公司

1978 年，加入霍尼韦尔公司

2013 年 10 月 28 日逝世于美国得克萨斯州理查森，享年 83 岁

---

[1] Spectronics 公司是一个精密机器和工作车间的公司，位于美国韦斯特伯里。——编者注

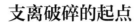

支离破碎的起点

本书从开头到现在，在我们谈及的这九天里，关于哪一天是故事的关键日期，几乎毫无异议。但是说到发光二极管（LED）这种给人工照明带来革命性变化的发明，具体日期就不好确定了。1907 年，人们首次观察到 LED 的发光现象。在此期间，有许多关于 LED 式照明的报道，包括美国无线电公司（RCA）在 1958 年申请了一项绿色 LED 专利，但后来没有下文了，直到 1962 年 8 月 8 日，比亚德和皮特曼申请了一项关键专利。

不过，这种具有商业潜力的首款 LED 发出的是近红外光，肉眼看不到。几个月后，研究者展示了第一款发出可见光的 LED——它是红色的，随即就被广泛用于各种指示灯。当惠普公司（HP）生产出用于计算器和数字手表的 LED 显示器时，红色 LED 真正开始崭露头角。1972 年，黄色 LED 也问世了。

至此，LED 作为低能耗指示灯已成为主流，但距离成为主流照明灯还需要几十年的时间。直到蓝光 LED 的出现（其发明者因此获得了诺贝尔物理学奖），LED 用于照明才成为可能。不久之后，在蓝光 LED 的基础上，真正的白光 LED 诞生了，白炽灯泡的命运也随之被终结。

这些历史事件中的任何一个都可能成为亮点，这说明现

代许多科技突破并不是简单的、一挥而就的。尽管我选择强调
1962 年这一时间点，将其作为 LED 从技术新产品变为实用产
品的时间点，但也会述及所有对现代照明有贡献的发明创新。
同样，虽然比亚德和皮特曼是故事的主要人物，但他们作为个
人的知名度远不及我们所见到的大多数关键科技人物。他们故
事的主体是他们的技术，而不是他们生活中的点滴事件。

黑暗中的光明

在人类历史的绝大部分时间里，火焰是唯一的人工光
源。有证据表明，在智人出现之前，人类祖先就已经学会控
制并使用火了——早期的类人猿利用自然产生的火已经有相当
长的时间了——但是，在人类发明创造的巅峰时期（大概发生
在 10 万 ~7 万年前），火就被广泛使用，它不仅可以使食物更
安全、更可口，还可以提供防卫，更关键的是，它可以在漆黑
的夜晚给早期人类带来光明。

让人惊讶的是，人类对火焰照明的依赖，一直持续到 20
世纪。现如今，最新形式的人工照明随处可见，以至于我们需
要设立专门的区域，让天文学家和业余观星者能够在无光污染
的夜晚观测夜空。在 20 世纪的前几十年，室内煤气照明逐渐
被淘汰，不过，在技术落后的地方，比如，都到了 20 世纪 60

年代末了，我家乡的火车站的月台上仍在使用煤气灯。

那时候电灯占据了主导地位。当时用的主要是白炽灯泡，这种灯泡通过加热电线来发出白热的光。此外还有其他照明方式，最常见的是在含有汞蒸气的低压管中放电，产生紫外线，刺激荧光材料发出可见光，这种灯就是荧光灯。这些荧光灯和白炽灯相对便宜，使用寿命也比较长，但为了发光，也会消耗很多能量。白炽灯更是如此，它消耗的能量大部分变成了热量，而非光。

白炽灯的发展

白炽灯泡的历史既显示了广告宣传的力量，也显示了过分相信"孤独天才"发明模式的危险性。在讨论 LED 的时候，我们更要注意这一点，因为 LED 并没有一个明确的发明者。

走在大街上，随便问一个路人，是谁发明了灯泡，他们几乎会脱口而出，是托马斯·爱迪生。毫无疑问，爱迪生确实是一位伟大的发明家。神经科学家西蒙·巴伦·科恩（Simon Baron Cohen）认为，爱迪生有一种非同寻常的能力，这是因为他在自闭症谱系中处于相当高的位置。他的这种能力就是愿意不厌其烦地测试各种模式。他为发明灯泡尝试了大量的灯丝，但绝大多数灯丝在很短的时间内就会烧毁。

179

然而，爱迪生的电灯泡绝不是人类第一个电灯泡，甚至不是第一个能够商业化生产的电灯泡。1879 年，英国发明家约瑟夫·斯旺（Joseph Swan）比爱迪生早 8 个月生产出了基于碳丝（爱迪生的灯泡用的是同样的灯丝）的可用灯泡。但与斯旺不同的是，爱迪生是一个商人。比如，爱迪生曾试图用他的直流电系统取代对手的交流电系统，为了证明交流电危险，他用交流电电死了一头大象。而在灯泡的发明权这件事上，爱迪生试图以专利侵权案推翻斯旺发明灯泡的优先权，但最终败诉。败诉后，爱迪生被迫成立了一家合资公司，即爱迪生和斯旺联合电灯公司，来生产他们发明的灯泡。

归根结底，除核反应过程外，所有光源的工作原理都是一样的：存在于原子外部的电子受到激发，会跃迁到比它们通常占据的能级更高的能级。这样的位置是不稳定的：电子很快就会回落，并以光子的形式释放出多余的能量。人造光源之间唯一的显著区别是电子的激发形式。

在火焰中，燃料燃烧时释放的化学能为电子跃迁提供了所需的推动力，而在传统的电灯泡中，是电流冲击灯丝或汞蒸气中的汞原子来激发电子。原则上，此类电光源的原理都属于"电致发光"（electroluminescence，我们即将探讨这个原理）。然而，在实践中，这个词专门用来代指一种非常特殊的发光方

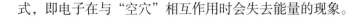

式，即电子在与"空穴"相互作用时会失去能量的现象。

空穴的光芒

在"第八日"，我们认识了空穴，它是半导体被应用于电子产品的主要原因之一。考虑到空穴本质上是一个可以容纳电子但不存在电子的空间，电子可以从传导带移到空穴中也就不足为奇了。由于电子进入空穴导致能量减少，此过程会发射出光子。而电子落入空穴产生的光正是"电致发光"的定义。

1907 年，英国电气工程师亨利·朗德（Henry Round）首次观察到这种现象，他当时在马可尼公司工作，该公司是当时世界无线电领域的领军企业。正如我们在"第八日"所看到的，当时的无线电接收器通常使用一种被称为"猫须"的东西，它是一种半导体，起到二极管的作用。朗德是一位多产的发明家，一生共获得了 117 项专利。

在使用猫须进行实验时，他注意到有些猫须在使用时会发光。朗德给《电气世界》（Electrical World）写了一封技术信，指出"在碳化硅晶体的两点之间施加 10 V 的电压时，晶体会发出淡黄色的光。在如此低的电压下，只有一两个标本能发出亮光，但在 110 V 的电压下，大部分标本都能发光"。朗德似乎没有继续研究电致发光，但在 20 世纪 20 年代和 30 年代期间，俄罗斯工程师奥列格·洛舍夫（Oleg Losev）进行了更深入的实验研究。不过那时候，人们对这种现象背后的原理仍不清楚。

直到 20 世纪 50 年代末，随着人们对固态电子学的理解不断加深，晶体管也随之问世，人们才开始认真对待 LED。多年来，电致发光一直被认为是一种有趣但大多无用的物理现象。但事实证明，这种奇怪的半导体现象意外地引发了 LED 革命。

激光及其衍生产品

在介绍 LED 之前，我们先来了解一下它的强大但应用范围似乎较窄的"老大哥"激光是怎么回事。激光（laser）是受激发射光放大（Light Amplification by Stimulated Emission of Radiation）的简称，它是一种使用双重加载产生光的常规机制而产生特殊光的设备。用一束光穿过一种材料，光能被用来推动此种材料的电子推到更高的能级。

表面上看这似乎毫无意义——光子被用来刺激电子，电子再产生光子。然而，其中的诀窍在于，这种设备中不是等待电子自行从高到低跃迁，而是使用第二个光子来触发电子跃迁。因此，携带这些第二光子的光束被放大了——一个光子进入，两个光子出来，如图 9.1 所示。

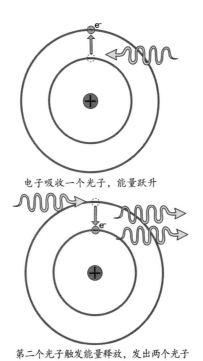

电子吸收一个光子，能量跃升

第二个光子触发能量释放，发出两个光子

图9.1 光子刺激电子，电子再产生光子

早在 1916 年，爱因斯坦就推测这种受激发射是可能的。1954 年，俄罗斯物理学家亚历山大·普罗霍罗夫（Alexander Prokhorov）和尼古拉·巴索夫（Nikolay Basov）发表了一篇论文，介绍了利用这种机制如何制造出一种可以放大微波的装置——微波是一种电磁辐射，仍由光子组成，但能量低于可见光。就在普罗霍罗夫和巴索夫发表论文的同一年，美国物理学家查尔斯·汤斯（Charles Townes）利用激发红宝石晶体的辐射，独立制造出了这样一种装置，并将其命名为"maser"

（脉泽）。

脉泽很有趣，在汤斯工作的通信领域也很有用，但他最终的目标是让同样的现象产生于可见光。全世界有许多实验室都在研究这个问题，阿特·肖洛（Art Schawlow）和汤斯一起对此进行研究，他们是其中的佼佼者；此外还有汤斯在哥伦比亚大学的研究生戈登·古尔德（Gordon Gould），他在国防承包商 TRG 公司工作。到 1958 年底，这场竞赛已进入白热化阶段。汤斯和肖洛为他们所称的光学脉泽（optical maser）申请了专利；古尔德（他提出了 laser 激光这一术语）和 TRG 向政府高级研究计划局申请了 30 万美元的资助，最终出乎意料地获得了近百万美元的资助。

就在此时，事态的发展开始变得滑稽起来，像是一出闹剧。由于这是一份涉及国防设备的合同，古尔德和他的同事们必须接受安全审查。当时的美国正处于麦卡锡主义盛行时期，对任何跟共产主义有牵连的蛛丝马迹都深表怀疑。古尔德年轻时曾涉足左翼政治，再加上他和妻子婚前同居的事实，以及古尔德的两名安全审查推荐人留有胡须，这显然使他们成为潜在的颠覆分子，最终他的安全审查没有通过。

如此一来，古尔德不仅不能进入自己的实验室，甚至不能阅读自己的笔记本，因为他的工作属于机密。与此同时，他在贝尔实验室的竞争对手也遇到了问题。他们曾想过使用固态材料来制造激光器，比如在脉泽中使用的合成红宝石。但这些材料在可见光辐射下效率太低，因此被否定了。他们改为专注于研究使用气体和金属蒸气，这在理论上似乎更有优势，但处理起来更棘手，也给肖洛带来了一大堆需要克服的实际问题。

与此同时，在休斯飞机公司工作的一位拥有物理学博士学位的电气工程师也在进行较小规模的激光实验尝试，这个人就是西奥多·梅曼（Theodore Maiman）。他已经在一个脉泽项目中使用过红宝石，他认为在激光器中使用红宝石也是可行的。他对肖洛的实验结果表示怀疑（后者错误地认为红宝石的工作效率太低）。实验表明，红宝石的效率比肖洛的结果要高出 70 倍。

但是这还不能说明梅曼已经破解了所有难题。他需要一种非常明亮的光源作为激发光源，但容易实现的解决方案——弧光灯——温度太高，会破坏红宝石晶体。幸运的是，梅曼的助手有一位爱好摄影的朋友，他刚刚购买了给摄影师使用的新产品——电子闪光灯，取代老式的单发闪光灯。梅曼设法改装了一个螺旋闪光灯管，使其可以安装在两端带镜面的圆柱形红宝石上。

1960 年 5 月 16 日，梅曼的设备发出了第一束激光。激光迅速成为新宠，不仅在通信领域取代了脉泽，而且由于其集中的"相干"光束使其具有极为强大的潜在威力，因而得到了更广泛的应用。

相干性

激光与 LED 最大区别在于激光具有相干性。如果我们把光看成是一种波，那么在相干光源中，光波的波长相同，并且频率一致，从而产生比普通光源的光更强烈的集体影响——就像一群人步调一致地走过一座桥，可以在桥梁结构上产生强烈的共振一样。我们谈论的是量子技术，如果我们把光看成是相干光束中的光子流，那么每个光子都具有相同的能量，而且具有相同的相位（光子的一种特性），这种特性随时间而变化，但变化是同步的。

相比之下，LED 能产生各种颜色，但产生的光谱比白光窄得多。它们的波或相位并不同步。造成这种差异的原因是光的产生方式不同。对于 LED 来说，这涉及电子与空穴的结合，而在激光中，光子与原子的电子相互作用，产生第二个光子。

在红宝石激光器发明之后，又出现了许多其他技术，包括汤斯的气体激光器。然而，这些设备大多体积庞大，需要大量的外部支持，如电源组等。如果能够使用电致发光半导体来产生激光，那么激光的潜在应用范围就会扩大。

突破：1961 年

砷化镓是最有希望产生光的半导体材料之一。1961 年 9 月，德州仪器公司的詹姆斯·比亚德和加里·皮特曼利用砷化镓隧道二极管产生了良好的近红外光。隧道二极管是 1957 年才发明的，它利用了一种叫作隧穿（tunnelling）的量子效应，可以让量子粒子穿过障碍物，就像障碍物不存在一样。

当时，人们对 LED 用途的所有关注——就像激光的起源一样——都是用于光信号通信。当比亚德和皮特曼于 1962 年 8 月 8 日申请专利时，人们认为他们制造出了世界上第一个实际可用的发光二极管——而他们想象中的发光二极管将被用作信号装置，因此近红外发光二极管是不错的选择。

同年，半导体激光器或激光二极管研制成功。通用电气公司和 IBM 公司都最先生产了这种激光器。与发光二极管一样，激光二极管也是利用电致发光原理（最初与早期的发光二极管使用相同的半导体材料），但激光二极管的结构更为复杂，可以产生受激发射。我们之前用过的 DVD 和 CD 播放器，以及激光指示器和激光打印机等大多数基于激光的商用技术都使用了这些半导体激光器。

在比亚德和皮特曼制作出第一个 LED 一年后，通用电气公司的小尼克·霍洛尼亚克（Nick Holonyak Junior）展示了红色可见光 LED。他曾希望开发出一种半导体激光器，并在不久后实现了这一目标，但他的首次尝试只能在超低温下产生相干性，而在室温下，它的功能就像一个发光二极管。事实证明，这些发光二极管以及随后十多年中出现的各种变体，功率都不够大且无法用于通信。发光二极管尽管更便宜、更紧凑，但是缺乏激光的相干性和潜在功率。人们最初只将它们用作指示灯。1969 年起，惠普开始生产 LED 显示屏，以砷化镓磷化物作为半导体，可显示少量数字。

与已有的光源相比，LED 的效率非常高，只需极少的电量就能发光。这使它们成为计算器等靠电池供电的设备的理想选择。然而，要使它们成为传统照明的可行替代品，就必须提高它们的功率，并使它们能够产生白光。理论上，白光可以由红、绿、蓝三原色混合产生。到这时候，已经有了红色和绿色 LED，但蓝色的还付之阙如。

半导体激光器也遇到了这种颜色上的限制。DVD 等光盘上可存储的信息量受到所用的激光波长的限制。DVD 上最初使用红色激光器（CD 上使用的则是红外线激光器），存储的信息量没法跟使用蓝色激光器的相比。蓝光 LED 和激光二极管开发成功后，使用这种技术的蓝光光盘就有了更大容量。这是 21 世纪初的一项重大突破。不过，流媒体的出现使得这项技术在开发后不久就几近过时了。

蓝光

蓝光 LED 于 1972 年在斯坦福大学首次问世，但当时的蓝光 LED 性能很弱，因此并不适合作为蓝色半导体激光器或光源的基础，也不是一个功能齐全的设备。于是，人们开始探索生产可商业封装的高强度蓝色发光二极管的方法。早期的设备使用的是砷化镓，到了 20 世纪 80 年代和 90 年代，砷化镓被氮化镓取代，氮化镓采用了一种新工艺，能够以更好的方式生成晶体。

当时需要面对的最大问题可能是基底——氮化镓晶体所在的支撑介质。1986 年，日本的赤崎勇（Isamu Akasaki）和天野浩（Hiroshi Amano）开始在蓝宝石基底上镀氮化铝，并在其上生成氮化镓。尽管日常生活中我们一般会把蓝宝石当作是非常昂贵的宝石，但在工业上，它却是一种廉价的氧化铝晶体。

与此同时，同样在日本工作的中村修二（Shuji Nakamura）开发出了另一种方法，即在低温和高温混合条件下生成氮化镓层。他还成功解释了赤崎勇和天野浩取得的突破背后的机理，并提供了一种更简单、更便宜的方法来制造高亮度蓝色发光二极管。三人因开发出蓝色 LED 而共同获得了 2014 年诺贝尔物理学奖。不过，他们后来被波士顿大学的西奥多·穆斯塔卡斯（Theodore Moustakas）起诉，认为他们侵犯了后者早先的专利。起诉获得了成功。

人们可能不明白，为什么诺贝尔奖委员会会选择蓝光LED作为值得表彰的成果，而认为之前的研发成果不值得表彰。只能说，诺贝尔奖对技术方面的授奖往往有些随意。举例来说，激光的开发也获得了诺贝尔奖——但获奖者并不是真正的第一位开发者梅曼，也不是古尔德或肖洛。相反，汤斯、巴索夫和普罗霍罗夫分享了相关的奖项，表彰的是意义要小得多的"脉泽"。

媒体在报道蓝光LED获奖的时候，大多数撰稿人都认为，蓝色LED之所以重要，是因为此前已经有了红光和绿光LED，现在加上蓝光LED，人们就能制造出白光的LED了。其实，在实践中，我们极少采用这种方式制造白光LED，因为LED很难有效地组合成一个紧凑的光源。一些变色灯倒是采用了这种方法，但这些灯泡往往比单色灯泡昂贵得多，而且能效较低。

其实，人们采用的办法是给蓝色LED涂上黄色荧光粉涂层，使之产生一种白光，就像荧光灯一样。LED发出的强烈蓝光一部分会透过涂层传播出来，另一部分被荧光粉转化成红色和绿色，从而产生一种带蓝调的白光。然而，这样做的结果是照明色调太冷，并不适合家庭照明，而且最初这些灯泡的能效也相对较低。后来，暖白色LED问世，现代照明也终于摆脱了白炽灯以及曾短暂取代了白炽灯的紧凑型荧光灯。这些新型的LED在荧光粉中添加了钆，使其能够产生类似阳光的温暖的亮光。

归根结底，正是蓝光LED的发明使LED成为标准照明方式成为可能。

照亮世界

LED 照明的重要性怎么强调都不为过。当能源使用与气候变化之间的联系变得对世界至关重要时，LED 照明的出现恰逢其时。传统的白炽灯泡只能将其消耗的电能中的大约 4% 转化为光能，其余的则作为热量散发出去。相比之下，现代白光 LED 照明能将 50% 以上的电能转化为光能。考虑到过去全球能源消耗的 20%~30% 都用于照明，这种显著的效率提高可不是个小数目。2014 年，美国能源部估计，改用 LED 照明每年可节约 261 垓[①] 瓦时，到 2030 年有可能增至 395 垓瓦时。这比整个英国的全年耗电量还要大。

我们看到，LED 照明的应用远远超出了室内照明。传统的路灯是通过钠或汞蒸气放电效应发光，现在正被低能耗、高强度的发光二极管照明所取代。发光二极管也出现在交通信号灯中，并取代了汽车照明中的白炽灯和卤素灯泡。无处不在的 LED 还有助于开发能耗更低、效果更好的电视屏幕、计算机屏幕和手机屏幕。

---

① 1 垓是 10 的 20 次方。——译者著

多年来，显示屏幕一直依赖阴极射线管技术。阴极射线管是早期克鲁克斯管进步发展的产物，也是 X 射线设备的灵感来源。阴极射线管既笨重又庞大，需要在屏幕后面安装一个几乎等同于屏幕宽度的突出部分。相比之下，液晶显示器（LCD）可以做得非常薄。但与阴极射线管不同的是，液晶屏幕本身并不发光。液晶屏只是控制光线通过的程度。因此，基于液晶屏的屏幕需要背光源。

最初，背光源使用的是荧光灯或电致发光板。电致发光板将 LED 中使用的电致发光效果与荧光粉结合在一起，荧光粉会发出特定的颜色，通常是蓝色。这种面板通常用于廉价的液晶显示器背光源（例如数字手表），而荧光面板则用于计算机和电视液晶屏幕。但现在，LED 背光已成为新的标准。

LED 不仅大大提高了能效，其使用寿命也远高于被取代的技术。白炽灯会逐渐将灯丝转变成蒸汽，直至灯丝断开，而 LED 灯则不会出现这种破坏性的加热和冷却过程，它非常稳定，产生的热量也相对较少。LED 的使用寿命可长达 10 万小时，而一般白炽灯泡只能使用 1 000 小时左右。曾经风行一时的紧凑型荧光灯的寿命比白炽灯长，但它们仍然会受到高压放电的压力，寿命大约是 1 万小时，远不如同等规格的 LED。此外，荧光灯的能效也较低。

紧凑型荧光灯的体积也有自身的限制。几十年来，荧光灯大多采用长管形式。把荧光灯管做得足够小巧以取代传统灯泡，确实是个奇迹。通常的办法是把灯管做成狭窄的螺旋状。然而，紧凑型荧光灯永远无法取代聚光灯泡，而 LED 却能轻松做到这一点。此外，紧凑型荧光灯还有一点也备受诟病：它需要预热，打开几分钟后才能达到最大亮度。相比之下，LED 打开后可以立即达到最大亮度。

现在，还出现了有机发光二极管（OLED）这种特殊的 LED。OLED 利用有机材料（通常是聚合物或小分子碳化合物）作为二极管的电致发光部分。虽然 OLED 的功率不如传统 LED 强大，但它可以制成超薄层，与带有 LED 背光的传统 LCD 屏幕相比，它对电压的要求更低、视角更广，尤其是对比度特别好。由于有机发光二极管本身能发光，因此不需要另加一层。（现在仍有基于传统 LED 的屏幕，但这种屏幕适用于大型显示屏，如体育场馆使用的显示屏等。）

改变生活的发明

LED 照明

至少 100 年来，电力照明主要由白炽灯提供。LED 照明的出现改变了这一状况，无论是在能源消耗方面（这是气候变化和经济方面的一个重要考虑因素），还是在灯泡的使用寿命方面，LED 都有很大的进步。

LED 屏幕

正如我们所看到的，LED 是许多 LCD 屏幕的背光源，而 OLED 屏幕则既能生成图像，又能发光。与照明需求一样，低功耗和长寿命使 LED 成为显示屏背光的理想之选。

固态激光器

虽然严格说来不是一回事，但半导体固态激光器的发展与 LED 的发展密切相关。如果没有 LED 的发展，就不会有现在的激光打印机、扫描仪、光盘设备以及智能手机和自动驾驶汽车使用的激光测距仪等无处不在的设备。

第十日

DAY 10

1969 年 10 月 1 日，
史蒂夫 · 克罗克和温顿 · 瑟夫——
互联网的第一个链接接通

互联网在塑造 21 世纪的世界面貌方面的重要性不必赘述。而且谈及互联网的历史，还不仅仅事关万维网，尽管它的重要性也不容忽视。互联网还取代了从邮件到电话等大多数通信方式，并将电视从一种由广播公司主导安排播出的媒体转变为一种更先进的设施，使观众可以根据自己所需，在方便的时候点播节目和电影。1969 年 10 月的这一天标志着日后横跨全球的通信网络的第二个节点的到来。就像只有一部电话没有任何意义一样，只有一个互联网地址也毫无意义，但随着第二台机器的接入，一场革命开启了燎原之势。与"第八日"和"第九日"一样，要找出这一科技变革的关键人物比较困难，但毋庸置疑的是，两位技术狂人对互联网的发展至关重要，这两个人曾是学校里的好朋友。

1969 年

这一年，俄罗斯联盟 4 号和 5 号宇宙飞船在太空中对接；理查德·尼克松（Richard Nixon）成为美国总统；披头士乐队最后一次公开演出；波音 747 首次飞行；鹞式喷气战斗机问世；罗宾·诺克斯 - 约翰斯顿（Robin Knox-Johnston）首次完成单人不间断环球航行；查尔斯·戴高乐（Charles de Gaulle）卸任法国总统而乔治·蓬皮杜（Georges Pompidou）当选；查尔斯王子成为威尔士亲王；阿波罗 11 号将人类首次送上月球；伍德斯托克音乐节开幕；巨蟒剧团之飞翔的马戏团（Monty Python's Flying Circus）首次登台演出；CCD 数码相机发明；《芝麻街》（Sesame Street）第一集播出；彩色电视机在英国投入使用；UNIX 计算机操作系统推出。这一年出生的名人包括德国赛车手迈克尔·舒马赫（Michael Schumacher）、威尔士演员迈克尔·辛（Michael Sheen）、美国女演员詹妮弗·安妮斯顿（Jennifer Aniston）、英国时装设计师亚历山大·麦昆（Alexander McQueen）、美国音乐家玛丽亚·凯莉（Mariah Carey）和澳大利亚女演员凯特·布兰切特（Cate Blanchett）。逝世的名人包括英国演员鲍里斯·卡洛夫（Boris Karloff）、英国科幻作家约翰·温德姆（John Wyndham）、美国将军兼总统德怀特·D.艾森豪威尔（Dwight D. Eisenhower）、美国女演员朱迪·嘉兰（Judy Garland）、越南政治领袖胡志明（Ho Chi Minh）和美国作家杰克·凯鲁亚克（Jack Kerouac）。

克罗克简介

史蒂夫·克罗克

- 计算机科学家
- 科学遗产：互联网

1944 年 10 月 15 日出生于美国加利福尼亚州帕萨迪纳市

教育经历：加州大学洛杉矶分校

20世纪70年代和80年代，在 DARPA（美国国防高级研究计划局）、USC/ISI（美国南加州大学和美国信息科学研究所）和宇航公司（The Aerospace Corporation）担任研究管理工作

1994 年，Cybercash 公司（电子支付公司）联合创始人

瑟夫简介

温顿·瑟夫

- 计算机科学家
- 科学遗产：互联网

1943 年 6 月 23 日出生于美国康涅狄格州纽黑文市

教育经历：斯坦福大学、加州大学洛杉矶分校

1972—1976 年，斯坦福大学助理教授

1973—1982 年，DARPA 研究管理人员

1994—2005 年，媒体控制接口（MCI）数字信息服务公司副总裁

2005 年至今，谷歌副总裁兼首席互联网布道者

创始

美国政府于1958年成立了高级研究计划局 （Advanced Research Projects Agency，ARPA），以应对前一年苏联发射第一颗人造卫星 Sputnik1在西方世界引起的震动。ARPA［1972年更名为 DARPA，添加 "Defense"（国防）一词，明确了其与军事的联系］的职责是启动和投资纯理论研究，这些研究可能没有直接的军事利益，但在未来可用于国防。

ARPA 的灵活性远远超出了军事组织的预期，部分原因可能是由于它的建立者是尼尔·麦克罗伊（Neil McElroy），而尼尔·麦克罗伊曾想通过肥皂剧在广播和电视上推广产品。ARPA 及其后继机构资助的项目包括早期版本的 GPS 卫星导

航、机器人、激光、人工智能、微芯片和动力外骨骼。但其最大的贡献是互联网。20 世纪 60 年代中期，ARPA 开始涉足计算机领域，当时的计算机与我们现在的小型本地计算机（从台式机到智能电话）以及通过无处不在的网络连接的大型远程设施完全不同。当时的计算机一般都是没有联网的大型机器，通常需要占用一个房间，安装在专门的环境里，需要专家来操作。

20 世纪 60 年代，计算机的大部分输入都是通过打孔卡片来处理的——卡片很薄，大小与纸币差不多，上面标有一系列可以打矩形孔的位置。最常见的打孔卡片是 80 列 12 行，如图 10.1 所示。计算机程序和数据都是用这种卡片输入机器，一套卡片像一副扑克牌，由机器来自动读取。这种设计的灵感来源于维多利亚时代的自动提花织布机中用来设置复杂织布图案的卡片。计算机的输出结果是打印在连续打印纸上的。

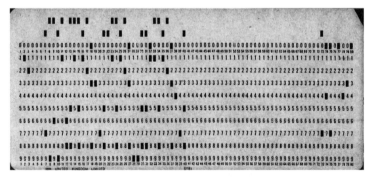

图 10.1　用于向计算机输入数据的打孔卡片

打孔卡片在计算机领域一直被用到 20 世纪 70 年代。我第一次接触计算机是 1971 年前后在曼彻斯特上学期间。当时，在英国没有任何一所中学拥有计算机。（到了 1977 年，我所在的曼彻斯特文法学校成为英国第一所拥有计算机的中学）。我们用手动打孔器打出每个孔，然后将卡片邮寄到伦敦，在帝国理工学院的机器上运行。要花一周多的时间才能得到回复（通常是运行出错了）。

不过，到了 20 世纪 60 年代中期，最先进的计算机设备已经有了电传输入功能，计算机用户可以在类似打字机的设备上打字。他们输入的内容会打印在他们面前的一张纸上，但同时也会被发送到计算机上，计算机可以在同一张纸上打印程序结果，这样就实现了更具交互性的操作。这种计算机采用一种称为"分时"的操作方法，以区别于一次性输入打孔卡片的方法（称为"批量输入"），允许同时运行多个程序，并在程序之间交换计算"注意力"。

无论是用电传打字机还是读卡器输入信息，输入设备都必须与计算机建立真实的物理连接。这意味着远程访问计算机的能力是受限的，而且会要求拥有多台计算机的机构在一个房间里摆放多套不同的电传打字机和读卡器，每个设备都跟特定的计算机相匹配。虽然远程访问是可以实现的，例如，华盛顿的五角大楼（ARPA 总部所在地）与远在加利福尼亚州的计算机之间就有线路连接，但这都需要通过专用线路进行传输。

1962 年，心理学家 J.C.R. 利克莱德（J.C.R.Licklider）成为 ARPA 信息处理技术办公室（IPTO）的负责人，他提出了一个与众不同的想法。利克莱德希望能把家用计算机连接在一起，并开发出更直观的计算机交互方式，他称之为"人机共生"。利克莱德开始新工作后的第一件事就是联系美国各地的十几位计算机科学家，他把他们称为"星际计算机网络"。很快，他就实现了向大家发送一份备忘录，强调了建立"集成网络操作"的好处，即可以使计算机协同工作，无须学习每台不同的计算机的使用方法，就可以操控这些计算机。

利克莱德在这个职位只干了几年。1965 年，他的继任者鲍勃·泰勒（Bob Taylor）对于如何实现利克莱德的愿景提出了一个办法。与 IPTO 合作的大多数人都在美国的大学里工作，都需要使用计算机，但当时计算机价格昂贵，而且供不应求。如果有可能将这些站点连接在一起，使这些人都可以连接到网络中的任何一台计算机，资源的使用效率就会大大提高。更重要的是，由于各大学之间缺乏及时的沟通，出现了重复建设的现象。在一次对话中，泰勒描述了一个他所想到的目标，当时还不能给出具体的解决方案，却得到了一百万美元的资助来实现这一目标。

与众不同的网络

在决定如何使用这一百万美元的过程中，有两个因素发挥了重要作用。一个是分布式网络的概念。从数学角度讲，网络是将点（称为顶点或节点）用线（称为边）连接起来。连线和节点是分析和理解某个系统的强大机制。瑞士数学家莱昂哈德·欧拉（Leonhard Euler）于 1736 年解决了"哥尼斯堡七桥"（Seven Bridges of Königsberg）问题，这或许是有史以来第一个应用网络的例子。

普雷格尔河穿过哥尼斯堡市（现俄罗斯加里宁格勒），将这个城市切割成多个岛屿。而城市里的七座桥将不同部分连接在了一起（如图 10.2 所示）。所谓的哥尼斯堡七桥问题，就是

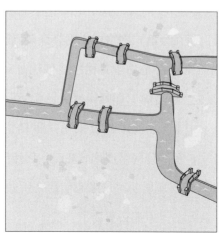

图 10.2　哥尼斯堡的七座桥示意图

要找到一条路线，能够只需穿过每座桥一次，就走遍城市的每个区。欧拉将可能的路线抽象为以桥梁为边的网络，发现这个网络中每个节点（陆地）都由奇数条边（桥梁）进入。这意味着这个问题是无解的。因为每块地都由一座桥进入和离开，要想成功地走完这条路，必须有偶数座桥连接到非起点或终点的每个节点。

1965 年，人们已经从电话和电报网络中熟悉了两种类型的网络，这两种网络都是集中式网络的形式。集中式网络只有一个中心节点，作为枢纽与每个节点相连。分散式网络有多个中心节点，相互连接，每个中心节点都是本地节点的枢纽。但还有第三种可能，即互联网的基础——分布式网络。在这种网络里，每个节点都与附近的多个节点相连，形成一个不规则的网格。许多地区的道路系统都是分散式网络。集中式网络通常提供从 A 到 B 的单一首选路线，而在分散式网络中，则有许多可能的路线。

现有的电话网络都是集中式网络。使用分布式网络进行通信的想法是波兰裔美国工程师保罗·巴兰（Paul Baran）于 1960 年提出的。巴兰之所以建议采用这种结构，是考虑到万一核战争爆发，在部分网络遭到破坏时，仍然能够提供通信冗余。这一考虑当然是早期对未来通信网络所做的部分预案，但很快，这一点就变得不那么重要了。

尽管巴兰提出了这一概念，但当时人们对分布式网络的兴趣有限。除了如何以最佳方式通过这种网络传递信息这一潜在的技术难题（稍后我们会对此做更多论述），历史上人们对分布式网络的考虑也很少，因为电话网络是基于模拟技术的。

模拟与数字

模拟与数字之间的技术区别通常在于，模拟机制往往是连续的，而数字机制则是离散的，分成若干块——可以将数字信号看作是传统模拟信号的量子版本。与本书前面章节所述的无线电传输类似，模拟信号——传统电话中的语音——是通过调制波来完成从 A 点到 B 点的传输的。这其中就涉及用代表音频信号的信息波来改变载波的形状。

相比之下，数字信号只是一串 0 和 1，0 和 1 由不同的电压表示。这就使得数字信号的载波是简单的方波，不需要像模拟波那样进行调制和解调。（正因如此，将如今用于连接互联网的路由器称为"调制解调器"，其实是完全不准确的）。

由于模拟信号的结构较为复杂，它们的信号强度会随着网络连接数量的增加而迅速衰减。经过多个节点后，信息就很难被正确接收。而数字网络只需区分 0 和 1，因此基于数字技术建立分布式网络变得更为可行。

可是，即使数据能够被表示成数字，如何在网络中传递信息仍然是个问题。巴兰提出了一个他称之为"信息块"的想法——小块数据在重新组合为最终信息之前，可以在网络中采取多种传输路径。这将提高网络传输效率，而不是像传统电话网络那样，如果一条线路被一条信息占用，就要等整个信息发送完成才行。

此前的章节，我们看到美国电话电报公司的贝尔实验室在发明晶体管方面有着巨大的创新能力，但同时，这家公司也是一家老式的电信巨头。与许多早期的电话公司一样，它会明确规定哪些线路可以连接到它的线路上，以及如何使用网络。与英国邮政总署（General Post Office，简称 GPO）及其后继者英国电信公司一样，只有从电信公司购买的电话才能使用其网络。美国电话电报公司根本不准备在其网络中采用控制较少的分布式方法，而该公司提供的几乎是当时美国唯一的长途线路。巴兰为这一方法做了 5 年的研究，却在 1965 年将其搁置在一旁。

同年，更多关于通过分布式网络控制信息流能力的细节被独立地提出并完善。这一创新并非来自美国强大的军事力量，而是来自一位威尔士物理学家。1965 年，受雇于英国国家物理实验室的唐纳德·戴维斯（Donald Davies）开始研究通过分布式网络进行通信的机制。一年之后，他发表了一次公开演讲，提出了一种他称之为"分组交换"的数据通信机制。

戴维斯提出的方法是基于巴兰的提议数据块，由被称为"交换机"的设备在节点之间转发。不过，戴维斯认为，这样的网络并不是为了帮助网络在核攻击中幸存下来，而是为了改变基于计算机的通信，实现计算机之间的远程联接和通信——这正是 ARPA 正在寻找的解决方案。与美国电话电报公司不同的是，英国电信行业的相关人员对这一想法非常感兴趣。最终被纳入 ARPA 项目的，是戴维斯提出的概念和他更详细的方法。

1967 年，当该提案被提交到 ARPA 主要研究人员会议上时，反响不一。出席会议的计算机科学家道格·恩格尔巴特[1]（Doug Engelbart）评论说："最初的反应是：'哦，我在用的已经是分时计算机，但我的资源依然很稀缺。'"人们担心，向远程用户开放自己的计算机，会抢占自己使用计算机的时间。不过，这次会议确实成功地复制了戴维斯的一个想法，即使用网络上的小型中间计算机作为交换机，接收数据包并将其传递到下一个节点。

ARPANET（互联网最初的名称）绝不是第一个通过线路传输信息的机制，然而，它的特别之处在于从一开始就具有灵

---

[1]　道格·恩格尔巴特是计算机鼠标的发明者。

活性。通常情况下，连接都有一个固定的角色，使用一个为特定用途量身定做的正式协议。在咨询参与该计划的美国各个大学的需求时，相关的人员给出了两种不同的需求，而当时的方法还无法满足这些需求。

这些大学希望能够远程登录另一地点的主机，另外，他们也希望能够通过网络交换文件，例如，可以将数据包发送到另一所大学。这些都是非常不同的要求。正如史蒂夫·克罗克所描述的，在 1968 年 8 月举行的一次早期大学参与者会议上，与会者认为，他们要想做到这些，就需要寻找一个"更通用的框架"，使网络的用途更广泛。

可以说，ARPANET 最具革命性的一面至今仍令人感到惊讶。在使用传统网络时，无论是电话网络、电视网络，甚至是早期计算机网络，用户都要为服务付费。但由于 ARPANET 是由政府资助的，因此没有人考虑过要建立收费机制，互联网的系统架构根本没有考虑向用户收费的功能。

我们能登录吗？——1969 年的一天

最后，加州大学洛杉矶分校和斯坦福研究所（SRI）之间建立了连接。设立必要的中型小型计算机以控制网络中信息包的流动，当时被称为 IMPs（接口消息处理器），这一任务被赋予了一家规模相对较小的马萨诸塞州坎布里奇的一家叫作 Bolt Beranek and Newman 的咨询公司。由于整个概念非常新颖，使该公司在短时间内取得了显著成就。硬件研发已经开始，但决定 ARPANET 成败的是软件。

史蒂夫·克罗克和温顿·瑟夫的名字流传至今，两人在高中时期就是好友，都对科学充满热情。上大学的时候，他们一起利用周末的时间，想办法进入加州大学洛杉矶分校大门紧闭的计算机中心使用计算机。从斯坦福大学数学系毕业后，瑟夫在洛杉矶的国际商业机器公司找到了一份工作，从事分时系统的研究。后来重新回到了加州大学洛杉矶分校，读计算机科学专业的研究生，与克罗克重聚。但随后克罗克转到了麻省理工学院。不过，1968 年夏天，克罗克又再次回到加州大学洛杉矶分校，两人再次重逢。

与发光二极管的发明一样，有许多人在互联网的发展中做出过贡献，其中很多都可以被认定是迈出了关键的一步。但克罗克和瑟夫与其他一些参与该项目的大学里的研究生合作，在网络协议的软件开发方面发挥了核心作用。网络协议是一种通用语言，是访问网络和发出指令的标准方式。互联网最基本的协议被称为 TCP/IP（传输控制协议 / 互联网协议），其作用是将数据分割成数据包，对数据包进行寻址，通过网络将数据包发送到目的地，并将数据包重新组合成信息。

协议、域和 DNS

我们通常不会直接接触到 TCP/IP 协议，通常我们熟悉超文本传输协议（HTTP），它指定了通过浏览器向服务器发出什么样的请求，并指定给出什么样的回应，然后通过 TCP/IP 进行传输。（一些互联网服务，如电子邮件、信息传送和视频流，可直接使用 TCP/IP 协议，尽管它们仍然可以有 HTTP 用户界面。）HTTP 既明确规定了浏览器希望从网站上获得的内容（例如页面），也明确规定了屏幕上的信息布局，这些都是通过被广泛使用的超文本标记语言（HTML）的代码来实现的。TCP/IP 协议之上还有其他协议，例如用于在计算机之间传输文件的文件传输协议（FTP），以及用于从服务器检索电子邮件的互联网消息访问协议（IMAP）。

访问网页时，我们使用的是更低级别的域名，这提供了一种相对友好的方式来连接到正确的服务器。通过 IP 地址来识别服务器，IP 地址由四组数字组成，每组数字在 0~255，用 8 位二进制数表示，共 32 位。这意味着可以有大约 43 亿个可能的地址。考虑到互联网上的设备数量不断增加，该协议正在经历一个长期的迁移过程，迁移到一个具有 64 位地址的系统，从而能为 1 800 万亿个设备分配地址。人们熟悉的 URL（如

www.brianclegg.net）是由被称为域名服务器的计算机翻译成相应的 IP 地址的。

正是克罗克建立了 RFC（Requests for Comments，意即"请求评论"）这一核心机制，网络协议的负责人将其作为讨论想法、变更和制定标准的一种方式。1969 年 4 月 7 日，RFC1 发布，讨论了两台计算机建立"握手"。自那以来，这样的"请求评论"已经有了成千上万次。

1969 年 9 月初，第一台接口信息处理机（Interface Message Processor, IMP）[①]，被从波士顿空运到洛杉矶，安装在加州大学洛杉矶分校。这是一个灰色的冰箱大小的主机，重约 400 千克。它启动时没有出现任何问题，但由于只有一个节点，所以没有形成网络。加州大学洛杉矶分校的研究小组尝试与他们的计算机 SDS（后来成为施乐公司）制造的 Sigma. 7 的连接，但没有收到任何回应。

第二台 IMP 于当年的 10 月 1 日被安装在斯坦福研究所，那里有一台不同的、通常与其他计算机不兼容的 SDS940 计算机，是一台为分时使用设计的计算机，而 Sigma. 7 最初是作为批处理机设计的。

---

① 这是一台经过改装的霍尼韦尔 516 计算机。——编者注

ARPANET 的设计运行速度为每秒 50 千比特。如今，家庭互联网连接的速度是这一速度的 1 000 倍，而主干链路的速度更快。由于最初的目标不是点对点通信，而是能够登录到大型计算机，因此最开始传输的字符拼出的是 LOGIN 命令。至少，这个命令应该有效。

查理·克莱恩（Charley Kline）是加州大学洛杉矶分校的一名本科生，他有幸输入了第一个词。为了检查输入的效果，他还通过电话与在斯坦福研究所的师弟比尔·杜瓦尔（Bill Duvall）联系，检查他输入的每个字符是否到达。克莱恩输入了 LO……然后，就在他输入 G 的时候，斯坦福研究所的系统崩溃了。崩溃的原因，竟然是程序设计得过于聪明了。因为在交互的这一阶段，没有其他以 LO 开头的命令，斯坦福研究所的系统自动添加了 GIN 3 个字母。这要通过程序发送回来，但是该程序设计为只期望一次接收一个字符，没想到 3 个字母同时发来，因此马上就崩溃了。

几个小时之后，这个问题就被解决了，加州大学洛杉矶分校的学生能在斯坦福研究所的机器上执行程序了。诚然，从斯坦福研究所的计算机的角度看，至少在最初，ARPANET 连接只是两个终端的连接。但 1969 年 10 月 1 日，克罗克和瑟夫报告说，他们成功实现了首次连接，而这个网络日后成了我们如今所使用的互联网。到第二年夏天，网络上已有 9 台机器接入。1971 年，人们在互联网上发出了第一封电子邮件。整个世界当时可能还没有意识到这件事的意义（那时我还在邮寄打孔卡片），但翻天覆地的变化即将发生。

拓荒岁月

尽管 ARPANET 最初的目标用户是大学，但它在开发之初就考虑到了军事应用的可能性。1983 年，该网络的一部分被分离出来纯用于军事用途，并更名为 MILNET，而其余部分仍保留为 ARPANET，成为我们现在所知的互联网的起点。与当时的标准相比，这个网络的发展可谓突飞猛进。到 1988 年，约有 6 万台计算机连接到了 ARPANET。正是在这一年，计算机操作员们第一次体验到了一种新的现象，这种现象现在已司空见惯，但由于是在分布式网络中出现的，它将带来灾难性的后果。

一天，人们发现，ARPANET 上的计算机开始无缘无故地变慢。这种现象几乎像疾病一样蔓延，一台又一台机器开始出现故障。操作员重新启动计算机并清理代码，但重新连接后不久，计算机仍会出现故障。最终，整个 ARPANET 不得不关闭。（大家可以试着想想，如果现在我们需要关闭整个互联网，那该会产生什么影响？）

　　这个问题原来是康奈尔大学一个叫罗伯特·莫里斯（Robert Morris）的研究生造成的。那时候，每个人都知道ARPANET很庞大，但没有人能确切说出到底有多少台计算机连接在了一起。莫里斯设计了一个程序，对联网的计算机进行普查。这个程序的原理是利用基于Unix的大学计算机上邮件程序的一个小漏洞。莫里斯编写了一个不易察觉的小程序，利用电子邮件在计算机之间传递，并进行统计。

　　该程序在安装之前会检查目标计算机上是否已经存在该程序，但莫里斯意识到，如此一来，操作员可能会发现它，于是设置了一个假程序。因此，每七次安装中，他的程序就有一次会在程序已经存在的情况下仍然运行安装程序。结果，在分布式网络中，程序从一台计算机传到另一台计算机，再传回之前的计算机，导致每台计算机上都有数百个程序拷贝在运行，引起计算机瘫痪。莫里斯无意中编写了第一个计算机蠕虫病毒。令人啼笑皆非的是，一名计算机操作员打电话给美国国家安全局，电话被转给了一个叫罗伯特·莫里斯的人，而这个人正是后来第一个根据《计算机欺诈和滥用法》（Computer Fraud and Misuse Act）被定罪的康奈尔大学的莫里斯的父亲。

　　尽管互联网在学术界取得了稳步发展，其协议也被许多企业所采用，但这并不是突如其来，倏然间就取得成功的。举例来说，智能手机随着苹果公司iPhone的推出而兴起，在短短几年内，这项技术就变得无处不在了。然而，如果我们把时间从 1969 年快进到 1995 年，也就是一下子跨越 26 年，在这段时间内，对于大多数普通用户来说，互联网几乎一直都是不存在的。

在此期间，如果你想连接其他计算机，就必须拨号进入一个专用的私人网络。对于那些寻求更便捷服务连接的人来说，则会选择美国在线有限公司（AOL），而苹果用户则有他们自己的 eWorld 网络。

我之所以特别选择 1995 年这个互联网对很多人还相对陌生的年份，是因为微软在这一年推出了 Windows95 操作系统。在这次发布会上，微软将全部精力都放在了自己新推出的名为 MSN 的专有网络上，而互联网则被视为无关紧要的学术工具。

当时的各种计算机网络也能提供电子邮件、论坛、早期的网上购物等服务，但这些服务在很大程度上受限于各个公司。由于万维网（World Wide Web）的加入，互联网有了一个可用的框架，这两者之间的区别就有点像观看单一的老式电视网络和拥有整个现代流媒体选项之间的区别。

最初，万维网似乎是一种小众的新事物，因为它的架构具有早期学术互联网的思维模式。除了最初的专业用途，它还提供了"访问"网站的功能，通常用在机构里，大多以文字为主（如果有图片，也很模糊，下载速度也很慢），而且这种访问没有任何目的。尽管一些早期的互联网爱好者对互联网的商业化颇有微词，但正是这种商业化的介入，让互联网开始为大众带来真正的价值。

互联网最初的功能，如电子邮件，依然存在。但有了网络，人们可以在网上购物，以全新的、不同的方式获取信息。尽管视频流和视频通话等现代互联网的重要应用并不一定使用万维网本身，但在使用互联网协议的专业应用程序接管之前，我们仍然可以通过网页界面进入这些应用。在讨论互联网和网络时，公众特别容易混淆，而这往往让技术人员感到苦恼。比如，公众经常说蒂姆·伯纳斯·李（Tim Berners Lee）发明了互联网。他并没有发明互联网，他发明的是万维网。但毫无疑问，伯纳斯·李的万维网是互联网的公众形象，它使互联网获得了成功。

互联网这个曾经小众的通信技术网络已经取代了从纸质文件到电话网络等一切媒介形式，成为通用的通信媒介。再加上从手机到计算机、智能电视、智能扬声器等一系列设备惊人的处理能力，这已经远远超出了数据交换的范畴，改变了我们的生活方式。

生活的改变者

万维网

我们现在通过万维网使用互联网，对其依赖程度是任何人都无法预料的。从网上购物到卫星导航，万维网改变了所有人的生活和工作。

电子邮件

尽管在互联网普及之前，人们就可以通过其他网络使用电子邮件，但正是互联网协议提供的标准化使电子邮件及相关应用（如信息传递）变得像邮政系统一样普遍，响应速度近乎是即时的。企业和个人的大部分通信都依赖这些系统。

IP 电话和视频链接

互联网缺乏收费机制，最初这一点对电信公司的影响有限。但现在，使用互联网语音协议（VOIP）进行免费互联网通话已司空见惯。这尤其对国际通话产生了重大影响，因为传统方式的国际通话费用仍然很高，而传统的国内通话现在往往作为接入套餐的一部分提供。尽管科幻小说早有预言，但视频通话的起步要慢得多，因为打开视频通话会让很多人感到不舒服。然而，在 2020 年发生新冠肺炎疫情后，视频通话的使用，尤其是支持远程工作的视频通话，出现了蓬勃发展的势头，现在看来，视频通话很可能会以更高的速度普及下去。

电视变革

视频传输需要很大的带宽，这在互联网发展初期是无法想象的。因此在互联网的普及过程中，很少有人预料到电视服务会受到这么大的影响。如今，电视服务正从按时间表播放的频道转变为可根据观众的决定随时开始点播的视频。截至2021年，我们正处于一个过渡阶段，广播模式播出的节目仍然具有相当大的影响力。不过，这种广播模式恐怕很难再持续一代人的时间，在那之后，所有电视服务都可能是流媒体形式的。

云存储和云计算

我们看不到"云"，它只是一个由互联网支持的虚拟实体，正因如此，我们往往会忽略它的重要性。实际上，云是互联网访问和大规模数据存储设施的结合。如果没有云技术，流媒体电视将无法实现。但同时，随着我们以数字形式存储的内容越来越多（例如我们收藏的照片），云已成为一个巨大的安全网。记得我第一次使用个人计算机时，那种早期的设备的可靠性远远比不上现在的机器。在使用 IBM 计算机当时开创性的 PC/AT^① 的头半年里，我的两块硬盘先后发生故障，丢失了其中的所有数据。这给我上了一堂关于备份的教学课，从那以后我就一直坚持做备份。我甚至学会了狡兔三窟，把备份磁盘的副本存放到另外的场所，以防办公室失火造成无法挽回的损失。但现在，任何人都可以花很少的钱将数据自动备份到云端。

物联网

互联网最初的设想是把相对较少的大型计算机连接在一起。然而，我们现在看到的世界是，越来越多的设备用到信息技术，而不仅限于那些被明确认定为计算机的设备。最明显的例子就是手机——智能手机已经成为不折不扣的口袋计算机。2020 年，全球智能手机用户超过了 35 亿。另外，现在连接到互联网的其他设备也越来越多。比如，我就对自己的家做了一个粗略的统计，发现家里至少有 15 台联网设备。除了计算机和电话，这些设备还包括电视、打印机、中央供暖系统和照明设备。现如今，我们还会看到门铃、警报器等设备陆续加入了

---

① PC/AT 是 IBM 公司自 PC 机发布后的第二代升级产品，尽管早期的产品存在着与磁盘存储部件相关的瑕疵，它最终还是迅速流行于商用及普通用户市场，成了 PC 工业最持久的事实标准。至今，由于软件兼容性的原因，最新的 PC 系统都还支持 PC/AT 机的总线结构。——编者注

"物联网"。虽然有些联网的设备（如烤面包机和咖啡壶）仍然只是某种新奇的物品，并不一定非得联网，但这一趋势肯定愈来愈烈。

第十一日

DAY 11

?

1969 年已经过去很久了，科技的各方面都有了新的发展。当年，克罗克、瑟夫和他们的同事参与建立互联网的第二个节点时，他们很难想象到我们如今这个超级互联的现代世界。然而，当时的基本原理都已经具备。自那以后，物理学有了许多发展，尤其是我们对亚原子粒子的理解，从接受质子和中子是由夸克和胶子等子结构构成的，到探测到希格斯玻色子。同样，宇宙学也取得了许多进展，大爆炸理论取得了胜利，人们还发现了黑洞，推导出了暗物质和暗能量的存在。然而，这些发现都没有对我们的日常生活产生重大影响。

一些人指出，现代物理学变得过于依赖数学模型，却不够关注现实，这种批评相当有道理。在"第四日"，麦克斯韦描述了从机械模型到数学模型的运动，但是他的目的并不是要让物理学脱离现实。然而，如果说现代物理学界的许多努力都浪费在了那些更注重数学之"美"，而非与可观测现实的联系的项目上，也不无道理。

例如，很多人在弦理论上投入了大量精力，但却提不出任何方法能证明其有效性。超对称性等概念预言了一系列从未被观测到的全新粒子的存在，而且这些概念仍在推动研究者提出越来越多的项目方案，希望建造更大型的粒子加速器。但是实际情况是，现有的加速器本来有望探测到其中的一些粒子，却没有成功。这并不是说物理学不应该做实验，而是物理学的发展方向以及做实验所需的开支在某些领域似乎变得因循守旧，无法做出突破。物理学家们已经在既有的方向上付出了太多努力，以至于即便这些方向有可能注定失败，他们也不愿轻言放弃。一些科学哲学家认为，我们可能需要等待一代物理学家谢幕之后，新的思想才有可能真正出现。

然而，物理学和基于物理学的工程学仍有许多方法可以对我们的生活产生变革性影响。我想提出四种可能性——我并不是认为每个可能性都会很快发挥作用，但它们都具有引发变革的能力。

折叠狂人

第一个领域是人工智能。计算机科学在这方面已经展现出巨大的潜力，比如，它可以帮助人类理解蛋白质的折叠（稍后详述），也可以提供必要支持，使自动驾驶汽车更安全。作为一个概念，人工智能自 20 世纪 60 年代就已被提出。在经历了许多错误的尝试之后，现在看来，一些人工智能算法终于取得了真正的进展。

需要提醒大家的是：人工智能一直受到过度炒作的影响，如今依然如此。诚然，人工智能软件在玩某些游戏时取得了令人瞩目的成功——但每个版本的软件的应用价值都非常有限。

DeepMind 人工智能公司的 AlphaFold 人工智能程序于 2020 年 11 月展示了蛋白质结构预测的突破，媒体对此大肆宣扬，标题是"人工智能破解了长达 50 年的蛋白质结构难题"。毫无疑问，AlphaFold 人工智能程序的表现远胜于之前的竞争对手——但这一难题绝非已被"破解"。

蛋白质是非常复杂的大分子，它们会自然折叠成特定的形状，这种形状会影响其行为。要了解蛋白质的功能，就必须知道它是如何折叠的。蛋白质有数百万种，但对其结构却了解较少，而通过实验推导这些结构又需要很长时间。因此，多年来，人们一直在比拼哪个计算机程序最擅长预测蛋白质的结构。2020 年的一项突破是，最新版本的 AlphaFold 程序大胜竞争对手，将其他程序远远甩在身后，使其他程序变得几乎不值得使用。这一点的确令人印象深刻。

然而，尽管向前迈进了一大步，但 AlphaFold 程序所作的预测只有三分之二与真实结构相吻合——而如果不知道这些蛋白质真实的结构，我们就不知道这三分之二是正确的。因此，它的预测还不足以作为开发新疫苗的基础。即使是那些"正确"的预测，与预测蛋白质中的精确原子位置的目标仍然相差太远，无法直接用于药物开发。这并不是说该程序毫无用处。它的预测当然可以加快实验研究的速度，但并不能完全取代实验研究。

与之类似，人工智能爱好者动不动就说，自动驾驶汽车随时都有可能上路。这一发展对交通的变革意义，可以跟电子产品或互联网的发展相媲美。自动驾驶汽车将减少交通事故——目前全世界每年有超过一百万人死于交通事故。如果自动驾驶汽车能在几分钟内到达家门口，那么我们大多数人甚至都不需要拥有私家车。此外，自动驾驶技术还可以让拥挤的道路承载更多的交通，因为自动驾驶的汽车可以连接在一起，就像火车一样，然后在每个路口再让每辆车分开，让需要拐弯的车开走。

这一切听起来都很美好，但自动驾驶汽车的拥护者往往避而不谈其潜在的隐患。诚然，自动驾驶技术将显著减少道路交通死亡案例，但是恰恰是在许多频繁发生交通事故死亡的地方，更不可能更早地采用自动驾驶技术。例如，如果我们比较 2018 年欧洲每百万居民的道路死亡人数，英国最安全，为 28 人，其次是丹麦（30 人）、爱尔兰（31 人）、荷兰（31 人）和瑞典（32 人）。最不安全的是波兰（76 人）、克罗地亚（77 人）、拉脱维亚（78 人）、保加利亚（88 人）和罗马尼亚（96 人）。没错，在发达国家中，美国的情况要差得多，每百万人中有 124 人。但死亡率最高的国家都在非洲，最差的三个国家是中非共和国（336 人）、刚果民主共和国（337 人）和利比里亚（359 人）。如果我们比较每百万辆汽车的死亡率，情况会更糟，索马里的死亡率是英国的 1 000 多倍。

更重要的是，尽管自动驾驶汽车会减少道路死亡人数，但仍然无法完全避免人员伤亡——虽然现在道路上行驶的自动驾驶汽车数量很少，却已经造成了人员伤亡。Uber 在 2020 年底宣布出售其自动驾驶汽车部门，部分原因可能是 Uber 的自动驾驶汽车造成了负面影响（尽管这起事故并不是人工智能软件的过错）。这种死亡事件很可能会引起反弹。被自动驾驶技术阻止的死亡只是没有具体人数的推算的数据，但是造成的死亡对象却是真实的人，他们的家人会将责任归咎于技术。

另一个问题可能是，自动驾驶发展的重点是加利福尼亚等地区，那里的道路往往宽阔且维护良好，城市也是按照合理的网格模式建设的。而欧洲的道路则要古老得多，很多路非常狭窄，弯弯曲曲，错综复杂，更不用说非洲和亚洲大部分地区的道路了。还有就是人为破坏的问题。事实证明，在停车标志上贴一张人眼几乎看不到的小贴纸，就能让自动驾驶汽车误以为这是一个完全陌生的标志，从而直接驶入危险路口。我相信自动驾驶汽车的时代终将会到来，问题是什么时候。即使说要等到 2050 年它们才会在我们的道路上普及，对此我也不会感到惊奇。

我们现在拥有的人工智能，还不具备接近科幻小说中描绘的通用人工智能的迹象，即机器人等人工智能能够像人类一样灵活思考。目前，所有成功的人工智能应用都非常具体，但这并不意味着人工智能对我们生活的影响不会继续扩大和加深。对于物理学和物理工程学来说，下一件大事可能跟自动驾驶的情形类似：显示器的变革。

生活在玻璃房子里

自计算机普及以来，屏幕上显示信息的方式发生了显著变化。20 世纪 80 年代，计算机屏幕上显示的图片可能只有256 种颜色，宽度最多只有 640 个像素。现在，屏幕上能显示超过 1 600 万种颜色，而且清晰无比。电视屏幕也变得更大、更清晰，而且不再像老式电视机那么笨重。我们的手机或手表上都装有令人惊叹的彩色屏幕。然而，科幻小说中的一些预言尚未成为现实。

自 20 世纪 30 年代起，科幻小说就向我们承诺，未来将出现 3D 立体电视。然而，尽管人们做了很多尝试，仍然没有3D 电视成为主流电视的迹象。这可能有两个原因：大多数 3D技术都要求观众佩戴特殊的眼镜；跟电影院相比，我们在家中获得的沉浸感相对有限。

许多人都愿意偶尔戴上 3D 眼镜在影院的巨大银幕上观看电影（尽管有人还是选择 2D 版本），但对于像看电视这样的休闲活动来说，必须佩戴专用的 3D 眼镜的要求似乎有些过分了。此外，一个很明显的事实是，我们跟屏幕之间的关系现在变得没有以前那么紧密了。就像许多人不再使用大型的立体声音响，而更喜欢用便携设备收听音乐一样，观看的视频要么被推送到了手机屏幕上，要么就是在电视大屏幕上放映的时候，我们会在第二个屏幕上同时进行其他操作。3D 电视带来的任何价值都可能与这种随意的观看模式无缘。

然而，根据未来显示技术的预言和新闻媒体的说法，未来主流的显示设备根本不是电视，而是 AR/VR（增强现实和虚拟现实），观看时，我们必须同时戴上头戴式耳机。增强现实技术是在现实世界的视图上叠加虚拟视频构建出来的东西，最著名的例子可能就是《宝可梦 GO》（Pokémon GO）游戏。虚拟现实则是用计算机图形构建的场景取代整个视角——第一人称计算机游戏是许多人最接近虚拟现实的体验。

我们大多数人体验这些场景的方式是通过手机屏幕或游戏机。但要获得完整的体验，目前的技术需要一个完全遮住眼睛的头戴设备，这种设备比较笨重，很难长时间佩戴。此处人们所期待的重大突破是，将 AR/VR 的完整体验融入像眼镜店里的那种普通眼镜中，戴起来跟眼镜一样轻巧，没有额外的负担。

毫无疑问，这些技术正在变得越来越好，但就像自动驾

驶汽车一样，有些障碍还没有得到足够的重视。谷歌公司的
"眼镜"（Glass）项目是 AR 眼镜的早期范例——这副眼镜带有
摄像头，通过镜片将图像投射到一个微小的虚拟屏幕上。毫无
疑问，Glass 项目失败了。它价格昂贵，外观笨拙，更重要的
是，当某个人戴上这种眼镜后，周围的人的反应很强烈。他们
要么嘲笑佩戴者，要么因为担心隐私受到侵犯，而禁止戴这种
眼镜的人进入某些场所。

现实情况似乎是，我们大多数人都不愿意在脸上"佩戴"
过多的技术，AR/VR 眼镜的使用者可能会遭到周围人的恶语
相向。该领域的一些专家认为，这种眼镜将在 2025 年普及，
但这种估计似乎过于乐观了。不过，就像自动驾驶汽车一样，
这项技术将不断进步，并最终被采用。我们甚至有可能在隐形
眼镜中植入这种技术。不过，我们感觉 AR/VR 眼镜的普及可
能要等到 21 世纪 30 年代。

量子计算

也许量子计算更可能得到有限的广泛采用。在这里，物
理学比电子学更进了一步，更明确地利用了量子的特殊行为。
所有半导体电子设备都依赖于量子原理，但计算逻辑是在比特
的基础上运行的，比特的值可以是 0 或 1。量子计算机用量子

比特取代了普通的电子比特，量子比特由量子态表示，可以同时有效地保存多个值，因此在计算的时候可以并行计算，使效率成倍增加。

几十年来，世界各地的实验室一直在尝试构建量子计算机，但面临的技术挑战也十分巨大，就连物理学本身也在挑战我们的知识极限。不过，相关的情况正在发生变化。实验性量子计算机已经开始进入这样一个阶段：它们能够执行并完成一些现有传统计算机不可能在同一时间内完成的任务（即具有所谓的"量子霸权"）。此外，量子计算机也有一些特有的算法，只要技术水平合适，就能大大加快搜索速度，而这正是当前计算技术面临的一个难以突破的极限。

我们不会在自家的书桌上看到量子计算机，部分原因是量子计算机不是像个人计算机那样的通用设备。它们在执行某些任务的时候可能是无与伦比的，但可处理的任务范围却非常有限。就目前而言，即使是实验室中能力非常有限的量子计算机，也需要极端的运行条件。例如，许多量子计算机需要超冷环境，接近绝对零度——这在家中是完全无法实现的。

不过现在，云计算为我们提供了一个两全其美的机制。大多数计算机都有独立的处理器来处理图形。主处理器将图形处理交给这个专业的图形处理器，然后获取计算结果。这种计算也可以交给云中的量子计算机——在传统计算机上运行的应用程序可以将专业的要求交给量子计算单元，再从云端获得反馈的结果。我们有望在 21 世纪 20 年代末看到量子计算机开始产生重大影响。当然，这远远早于"第十一日"中最后一个建议实现的时间。

廉价到无须计量的电力

1954 年，时任美国原子能委员会主席的刘易斯·施特劳斯（Lewis Strauss）对观众说："期望我们的后代在家中享受到廉价到无须计量的电能并不过分。"他并不是说电能将是免费的，而是说电能可以像水一样在不计量的基础上提供——具有讽刺意味的是，事到如今，水通常也是要计量的。之所以如此乐观，是因为人类对原子能的利用。但仅仅依靠当时的核反应堆，似乎永远不可能做到这一点。有人猜测，施特劳斯实际上指的是核聚变能源。

核聚变是太阳的能量来源。与目前核电站所使用的裂变反应堆不同，核聚变不需要铀等燃料，而是使用危险性低得多的氢同位素作为燃料，并且产生相同的能量所需的燃料也少得多。然而，核聚变很难人工启动，也很难在受控的条件下维持。与裂变相比，聚变反应堆的优点之一是不容易失控——只要受到一点外来的干预，它就会自动停止。

但是在 20 世纪 50 年代，人们暂时还没有预料到让核聚变运行起来有多么困难，也不知道让核聚变达到输出的能量比输入的能量还多（即实现"净能量增益"）的状态有多么困难。从人类最早开始构想核聚变开始，当时人们预测它还需要 50 年才能成为主流，可是 50 年后的现在，我们仍然预测它 50 年后才会成为主流。这么说，会让人们觉得核聚变的研究很缓慢，但我们的确已经取得了巨大的进步。

现在人们最大的希望都放在一个名为"国际热核聚变实验反应堆计划"（ITER）的项目上，它位于法国的圣保罗－莱迪朗斯。该装置于 2013 年开始建造，预计将于 2025 年完成点火，希望这将是第一个产生的能量超过运行输入能量的聚变反应堆。然而，这仍然是一个实验性装置，第一个可以被真正视为有效的发电厂的装置也许等到 2050 年，作为主流发电方式被人们采用还要再等 20 年左右。

虽然风能、潮汐能和太阳能可以提供很大一部分电力需求，但我们始终需要在这些不同的来源之间取得平衡。其中一种可能性——同时也是另一种基于物理学的变革性技术——是电池技术的进步，它能提高储能的效率。另一种可能的备用发电方式是核电，只有开发出核聚变发电站，核电才可能有长远的发展前景。

正如尼尔斯·玻尔（此外还有其他一些人）所说，做出预测总是充满困难，尤其是对未来进行预测。我在本章中所写的大部分内容都有可能不准确——完全有可能出现全新的物理学和基于物理学的技术，给我们的生活方式带来重大改变。但可以肯定的是，未来的某一天，物理学的应用将再次改变人们的生活。

Approachable biography of Newton – *Isaac Newton:The Last Sorcerer*, Michael White（Fourth Estate,1998）

In·depth biography of Newton – *Never at Rest*, Richard Westfall（CUP,1983）

Gravity – *Gravity*, Brian Clegg（St Martin's Press,2012）

The *Principia - Magnificent Principia*, Colin Pask（Prometheus Books,2019）

第二日

Biography of Faraday – *Michael Faraday:A Very Short Introduction*, Frank James（OUP,2010）

Context of Faraday's electrical work – *Michael Faraday and the Electrical Century*, Iwan Rhys Morus（Icon,2004）

第三日

Laws of thermodynamics – *The Laws of Thermodynamics:A Very Short Introduction*, Peter Atkins（OUP,2010）

第四日

Biography of Maxwell – *Professor Maxwell's Duplicitous Demon*, Brian Clegg（Icon,2019）

第五日

Biography of Curie – *The Curies*, Denis Brian（Wiley,2005）

Radium mania – *Half Lives*, Lucy Jane Santos（Icon,2020）

**扩展
阅读**

第六日

Biography of Einstein – *Einstein: His Life and Universe*, Walter Isaacson（Simon & Schuster,2017）

Relativity – *The Reality Frame*, Brian Clegg（Icon,2017）

第七日

Superconductivity: *Superconductivity:A Very Short Introduction*, Stephen Blundell（OUP,2009）

Quantum applications: *The Quantum Age*, Brian Clegg（Icon,2014）

第八日

History of the transistor: *Crystal Fire*, Michael Riordan and Lillian Hoddeson（Norton,1997）

第九日

见"第七日"（*Quantum applications*）

第十日

History of the internet: *Where Wizards Stay Up Late*, Katie Hafner and Matthew Lyon（Touchstone,1996）

Internet in society: *Tubes*, Andrew Blum（Ecco,2012）